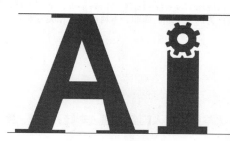

智能化办公
ChatGPT使用方法与技巧
从入门到精通

李婕　高博　袁瑗◎著

北京大学出版社
PEKING UNIVERSITY PRESS

内 容 提 要

本书以人工智能领域最新翘楚"ChatGPT"为例，全面系统地讲解了ChatGPT的相关操作与热门领域的实战应用。

全书共10章，第1章介绍了ChatGPT是什么；第2章介绍了ChatGPT的注册与登录；第3章介绍了ChatGPT的基本操作与提问技巧；第4章介绍了用ChatGPT生成文章；第5章介绍了用ChatGPT生成图片；第6章介绍了用ChatGPT生成视频；第7章介绍了用ChatGPT编写程序；第8章介绍了ChatGPT的办公应用；第9章介绍了ChatGPT的设计应用；第10章介绍了ChatGPT的更多场景应用。

本书面向没有计算机专业背景又希望迅速上手ChatGPT操作应用的用户，也适合有一定的人工智能知识基础且希望快速掌握ChatGPT落地实操应用的读者学习。本书内容系统，案例丰富，浅显易懂，既适合ChatGPT入门的读者学习，也适合作为广大中职、高职、本科院校等相关专业的教材参考用书。

图书在版编目(CIP)数据

AI智能化办公：ChatGPT使用方法与技巧从入门到精通 / 李婕，高博，袁瑗著. — 北京：北京大学出版社，2024.1
ISBN 978-7-301-34574-0

Ⅰ.①A… Ⅱ.①李… ②高… ③袁… Ⅲ.①人工智能－应用－办公自动化 Ⅳ.①TP317.1

中国国家版本馆CIP数据核字（2023）第199890号

书　　　名	AI智能化办公：ChatGPT使用方法与技巧从入门到精通
	AI ZHINENGHUA BANGONG：ChatGPT SHIYONG FANGFA YU JIQIAO CONG RUMEN DAO JINGTONG
著作责任者	李　婕　高　博　袁　瑗　著
责任编辑	王继伟　刘羽昭
标准书号	ISBN 978-7-301-34574-0
出版发行	北京大学出版社
地　　　址	北京市海淀区成府路205号　　100871
网　　　址	http://www.pup.cn　　　　新浪微博：@北京大学出版社
电子邮箱	编辑部 pup7@pup.cn　　总编室 zpup@pup.cn
电　　　话	邮购部 010-62752015　　发行部 010-62750672　　编辑部 010-62570390
印　刷　者	北京溢漾印刷有限公司
经　销　者	新华书店
	787毫米×1092毫米　16开本　18.75印张　326千字
	2024年1月第1版　2024年3月第2次印刷
印　　　数	3001-6000册
定　　　价	69.00元

为什么写这本书

随着人工智能技术的迅速发展，AI工具已经成为当今社会不可或缺的重要组成部分。无论是个人还是企业，了解和掌握AI工具的用法都至关重要。AI工具能够帮助我们处理庞大的数据、自动化任务，并提供智能决策支持等，从而极大地提高工作效率和创造力。

在当前众多AI工具中，ChatGPT被认为是很有代表性和备受关注的工具之一，具备广阔的应用前景和无限的潜力。ChatGPT利用自然语言处理和机器学习技术，可以模拟人类对话，生成连贯的文本回复，甚至能够参与虚拟会话。它在内容创作、艺术设计、商务办公、程序设计等领域展示出了巨大的潜力和优势。

然而，当前国内ChatGPT的应用领域不断扩大，关于ChatGPT的系统性介绍却相对较少，为了填补这一空白，本书应运而生。本书提供了ChatGPT知识讲解和应用指导，帮助读者深入了解ChatGPT的原理、功能和使用方法，从基础的注册和登录开始，逐步介绍生成文章、图片、视频等常见应用操作，并详细讲解各类操作的技巧和方法。本书通过深入讲解ChatGPT，帮助读者更好地理解和应用ChatGPT，扩展自己的技能和认知，以更好地应用其他类似的AI工具。此外，本书还拓展介绍了ChatGPT在翻译、学术和医疗等更多领域的应用情况，为读者提供了更广泛的视角和灵感的启发。

对于那些想要了解和应用ChatGPT的读者来说，本书提供了一份全面系统的学习资源。无论是初学者还是有一定基础的从业者，都可以通过本书快速入门，并深入掌握ChatGPT这一重要AI工具。本书以易懂的语言和丰富的案例，结合实际操作和应用场景，帮助读者奠定扎实的基础，并提供了进阶的技巧和实用建议。

本书特色

本书力求简单实用、深入浅出、快速上手。本书从零基础开始，介绍了ChatGPT的基础知识及常见应用。在讲解常见应用时，配有实例演示，方便读者理解并练习。本书的整体特点可以归纳如下。

（1）零基础上手：本书的内容从零开始，力求浅显易懂，不需要额外的背景知识即可学习。

（2）前沿知识：本书力争将前沿的知识点和应用操作介绍给读者，帮助读者掌握新资讯和应用技能。

（3）形式丰富：本书内容除了文字描述，还有图片、表格、代码等多种表达形式，帮助读者更好地理解和掌握内容。

（4）案例丰富：本书通过丰富、翔实的案例和操作，引导读者轻松、快速地完成每项应用的操作。

（5）温馨提示：除了基础内容，每章附带的温馨提示提供了对当前讲解内容的补充和拓展，为读者答疑解惑，让学习者少走弯路。

本书的内容安排

本书内容安排与知识架构如下。

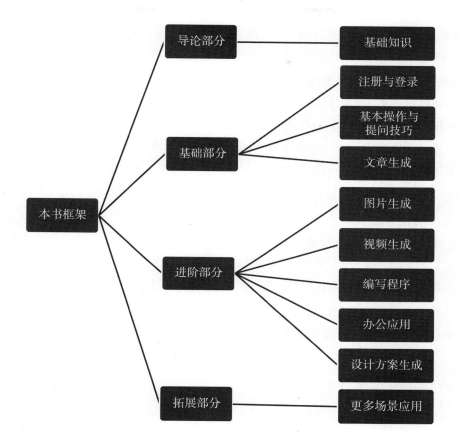

写给读者的学习建议

阅读本书时，建议从基础知识部分开始学习，这样可以先对 ChatGPT 有一个初步的了解和认知，为后续的实操学习打下理论基础。在后面的案例应用章节中，建议读者按照本书的知识点和案例步骤，尝试亲自动手实际操作一遍，这样才能真正体会和积累使用经验。使用 AI 工具最重要的是多动手、多思考。除了本书提供的案例，读者还可以根据自己的工作或学习任务进行相应的操作，这样可能会发现意外的惊喜。即使一开始的效果不太理想，也不要着急。学习是一个反复摸索的过程，可以继续深入学习、反复操作。学习到更多的内容或进行多次操作后，应该会对 ChatGPT 有更深入的理解。

如果读者已经对 ChatGPT 的理论知识有了一定的了解，那么可以根据自己的需求直接选择学习和练习相应的案例。通过实际操作和练习，可以增加对

ChatGPT的实践经验，填补知识的空白，并重点学习那些自己理解不深的内容。

ChatGPT的入门难度并不高，初学者可以通过本书的指导逐步掌握基础知识。然而，要在应用中获得更深入的理解和更令人满意的效果，需要持续学习、重复练习和耐心充足。这意味着读者需要积极地参与实际操作，尝试不同的场景和任务，从中积累经验并不断提升自己的技能。

最后，感谢广大读者选择本书。ChatGPT作为一个强大的AI工具，在工作和学习中可以充当有力的助手。但要真正驾驭AI，需要不断深化对其原理和应用的理解，并将其融入我们的实际工作中。衷心希望本书读者能够收获宝贵的知识，成为AI时代的先行者。

本书由凤凰高新教育策划，由李婕、高博、袁瑗三位老师执笔编写，其中李婕编写第1章、第2章、第3章、第4章、第5章、第7章及附录A、附录B，高博编写第9章、第10章，袁瑗编写第6章、第8章。他们拥有丰富的AI行业实战应用经验和一线教学经验，但由于计算机技术发展非常迅速，书中有不足之处也在所难免，欢迎广大读者及专家批评指正。

学习资源

本书提供的学习资源如下。

（1）相关案例的源代码。

（2）ChatGPT背后的伦理、道德与法规文档。

（3）ChatGPT及相关AI工具网址索引文档。

（4）ChatGPT的调用方法与操作说明手册。

（5）国内AI语言大模型简介与操作手册。

以上资源，读者可用手机微信扫描下方二维码，关注微信公众号，输入本书77页的资源下载码，获取下载地址及密码。

第5章　用ChatGPT生成图片 ································· 065

第1章

ChatGPT 是什么

本章导读

随着数字化时代的到来，人们对于信息的需求越来越高。ChatGPT的问世引发了全球关注，ChatGPT到底是什么，它能做什么？带着这些问题，让我们进行第1章的学习吧。

本章中，1.1节将谈到ChatGPT引发全球关注的盛况。1.2节将介绍AI、机器学习、深度学习的概念及三者之间的关系，为我们理解ChatGPT打下基础。1.3节将介绍什么是ChatGPT，以及与其息息相关的AIGC、OpenAI。1.4节将介绍ChatGPT的特点及发展历史。1.5节将介绍NLP自然语言处理技术、预训练、Transformer模型、自回归模型这几种ChatGPT的核心技术。1.6节将探讨普通人与ChatGPT之间的联系。

相信通过本章内容的学习，大家会对ChatGPT有一个初步的了解和印象，它不仅能够回答我们的问题，还能够与我们进行自然的对话，让我们感受到人工智能技术的魅力。

1.1 ChatGPT引发全球关注

ChatGPT自问世以来就备受瞩目，它的诞生代表着人工智能技术的蓬勃发展。同时，ChatGPT的访问量也屡创新高，这一切都说明了ChatGPT已经成为人们日常生活中不可或缺的一部分。

1.1.1 ChatGPT的诞生

ChatGPT（Chat Generative Pre-trained Transformer）全称为聊天生成式预训练转换器，是美国OpenAI公司研发的人工智能聊天机器人程序，于2022年11月推出。聊天机器人是一种可以进行人机交互的自动程序，它能够解决用户的问题和需求，并生成连贯的、自然的语句。它提供了一个对话界面，允许用户使用自然语言提问，能够根据用户的提问产生相应的智能回答。ChatGPT能够像人类一样即时对话，流畅地回答各种问题及生成文本。

通过与用户进行交互，ChatGPT 可以不断学习和完善对话技能。它可以理解并生成自然语言，甚至能够使用语言进行各种简单的计算和搜索操作。ChatGPT采用多轮对话的方式，通过不断积累上下文信息来优化对话内容，生成更加准确和个性化的回答。ChatGPT 的应用领域非常广泛，包括社交媒体、客户服务、教育、医疗等多个方面。目前，ChatGPT 已经成为一种很受欢迎的聊天机器人，受到了许多用户和企业的关注和支持。

本书将深入探讨ChatGPT的技术和应用，帮助读者更好地理解ChatGPT的工作原理和可以为人们带来的帮助，以更好地适应这个快速变化的时代。

1.1.2 问世即火爆

ChatGPT无疑是目前发展最迅猛的应用之一，与其他流行的平台相比，ChatGPT的发展速度非常快。如图1-1所示，它在发布后短短5天内用户数就达到了100万，比Instagram快了70天。ChatGPT以其令人惊叹的逻辑性流畅对话和极强的交互能力，成为历史上用户数增长最快的应用程序。

ChatGPT目前每月约有10亿网站访问者，活跃用户约有1亿。OpenAI预测，到2023年底，ChatGPT的收入将达到2亿美元，到2024年底将达到10亿美元。从社交媒体的反馈和聊天机器人市场的对比可以看出，

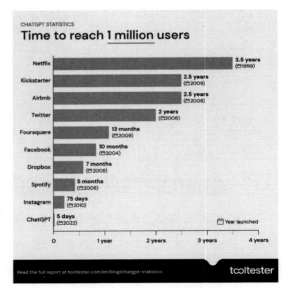

图1-1　各平台用户数达100万的时间对比图
（来源：tootlesterWeb）

ChatGPT是一个请求量大、性能优秀的聊天机器人，并且受到了越来越多的用户

的欢迎和认可。

1.1.3　海量应用场景

ChatGPT针对个人、公司和不同行业具有不同的应用场景，下面将列举几类ChatGPT的应用场景，或许会对你有所启发，帮助你找到适合自己的应用场景。

1. 文本应用

· 内容创作：ChatGPT可以创作产品描述、博客、社交媒体帖子、故事写作等内容。

· 翻译：ChatGPT可以用于将文本从一种语言翻译成另一种语言。

· 对话式AI：ChatGPT可以用来创建智能聊天机器人，可以用于客户服务、销售或支持，也可以用于个人虚拟助理。

2. 代码应用

· 编写代码：ChatGPT可以为简单或重复的任务编写代码，如文件I/O操作、数据操作和数据库查询。然而，它编写代码的能力是有限的，生成的代码并不总是准确的。

· 代码调试：ChatGPT的Bug修复功能对于程序员来说很有价值，它可以找出错误的可能原因并提出解决方案来辅助完成代码调试。

· 代码完成：ChatGPT可以根据上下文和当前代码预测后续代码行或代码段，从而帮助完成代码。这对于记不清编程语言的所有语法和函数的程序员来说尤其有利，可以节省时间和精力。

· 代码重构：ChatGPT可以推荐增强和改进代码结构、可读性和性能的方法；还可以重构需要修改的现有代码，在不改变其行为的情况下提高其质量。ChatGPT可以为重命名变量、删除重复代码和其他增强功能提供建议，这些增强功能可以使代码更有效，更易于其他程序员理解。

· 代码文档生成：程序员将他们的代码输入ChatGPT中后，ChatGPT可以根据编程语言和被记录的代码类型给出合适的文档模板。

· 代码片段生成：ChatGPT可以根据用户输入的信息和需求生成多种编程语言的代码片段。代码片段是一段简短的代码，它举例说明了编程语言的特性、功能或技术。代码片段可以帮助说明如何在代码中执行特定任务或解决问题，并且可以作为更复杂的编程项目的基础。

· 解释编码技术和概念：ChatGPT可以提供编程概念、软件产品、语法和函数的解释和示例，这对不熟悉编程概念的初级程序员或正在使用新编程语言的程序员特别有用。

3. 教育应用

对于老师而言，ChatGPT 有以下应用。

• 课程内容创建：ChatGPT 可以依据教育目标和课程指南，帮助老师在课程计划、活动和项目中开发创新的想法。

• 语法和写作检查：ChatGPT 可以利用其自然语言理解能力，通过校对和编辑、为学生提供反馈、传授写作技巧等方式帮助老师评估和提高学生书面作业质量。

• 作文评分：ChatGPT 可以通过评估学生作文的内容、结构和连贯性来帮助老师给学生的作文打分。

• 设计教学大纲：将 ChatGPT 结合到教学方法中，ChatGPT 可以制定课程目标、规划课程、识别和整合课程的相关资源和材料等。

对于学生而言，ChatGPT 有以下应用。

• 辅导家庭作业：ChatGPT 在辅导作业方面有很多作用，它可以回答问题、解决问题、强化关键概念理解、提高写作技巧。

• 学术协助：ChatGPT 可以在学术研究过程中提供帮助，包括主题选择、主题背景信息查找、确定相关资源、组织研究、引用资料等。

• 语言学习：ChatGPT 是一个很有价值的语言学习工具，它可以提供翻译、语法解释、词汇练习和会话模拟，帮助学生练习和提高语言技能。

4. 商业应用

• 营销活动的内容创作：除了生成商业创意，ChatGPT 还能为商品和服务编写广告脚本，创作引人注目和有说服力的故事。

• 客户体验的个性化：ChatGPT 可以根据客户的偏好、过去的行为和其他统计数据为客户生成个性化的内容。

• 受众调查：ChatGPT 可用于分析客户数据，通过搜索查询、社交媒体互动及过去的购买行为来确定客户的行为模式，了解他们的兴趣、偏好、行为和需求，这有助于公司进行更有效的营销。

• 撰写产品描述：ChatGPT 可以根据产品的目标受众的兴趣和偏好，帮助撰写引人入胜且信息丰富的产品描述。

• 聊天机器人的客户支持：ChatGPT 可以集成到聊天机器人中，以提供及时和个性化的客户支持、解决客户的疑问、提供技术支持及达成其他营销目的。

5. 人力资源应用

· 提出面试问题：在面试过程中，人力资源部门经常面向求职者提出一系列问题，这是一项耗时的任务。ChatGPT可以用来生成与工作职位相关的面试问题，并评估候选人的资格、能力和经验。

· 生成入职材料：ChatGPT可用于为新员工生成入职材料，如培训视频、手册和其他文档。

· 生成职位描述：ChatGPT可用于生成准确反映特定职位所需技能和资格的职位描述。

1.2 AI的定义

人工智能是指计算机系统模拟人类智能的能力。机器学习是人工智能的一个分支，它是指计算机系统通过学习数据和经验来改善自身性能的能力。深度学习是机器学习的一种形式，它使用多层神经网络来模拟人类大脑的结构和功能。虽然三者有着紧密的联系，但它们的重点和应用场景略有不同。接下来我们将探讨这些概念的区别和联系。

1.2.1 什么是AI

AI（Artificial Intelligence）即人工智能，是计算机科学的一个分支，被称为20世纪70年代以来世界三大尖端技术（空间技术、能源技术、人工智能）之一，也被认为是21世纪三大尖端技术（基因工程、纳米科学、人工智能）之一。1956年，以麦卡赛、明斯基、罗切斯特和申农等为首的一批有远见卓识的年轻科学家聚在一起，共同研究和探讨用机器模拟智能的一系列问题，并首次提出了"人工智能"这一术语，标志着"人工智能"这门新兴学科的正式诞生。人工智能是对人的意识、思维的模拟。人工智能不是人的智能，但能像人一样思考，也可能超过人的智能。人工智能目前分为强人工智能和弱人工智能。

人工智能的核心技术原理如下。

（1）数据采集和处理：收集和预处理原始数据以便机器使用，方法包括数据清洗、特征提取、数据变换等。

（2）机器学习：基于训练数据来进行算法模型的构建和参数调整，在模型中提取规律。

（3）深度学习：通过多层神经网络对数据进行抽象，从而对数据进行高级别的识别和分析。

（4）自然语言处理（NLP）：对人类语言加以解析及情感分析等，使机器具备理解、生成语言的能力。

（5）计算机视觉：通过对图像、视频解析及特征提取等方法，实现图像的向量化表示及处理。

（6）机器人技术：将人工智能应用于自主控制机器人从而实现智能行为，如移动、操作、决策等。

人工智能基于以上原理，通过不断从数据中学习，调整自己的行为和模型来提高效率和准确率，从而实现在各个领域的广泛应用和发展。

1.2.2 什么是机器学习

机器学习（Machine Learning，ML）是人工智能的核心，属于人工智能的一个分支，是让计算机模拟和实现人的学习行为和能力，可以像人一样具有识别和判断的能力。机器学习的目的是使计算机能够像人类一样通过学习达成某些目标。

机器学习的原理是采用统计学理论和算法，通过从训练数据中学习找到数据背后的模式和规律，进而预测新数据的结果。机器学习主要包含以下步骤。

（1）收集数据：机器学习要先收集相应的数据，包括训练数据和测试数据。这些数据要尽可能涵盖待解决问题的所有方面。

（2）预处理数据：机器学习会对数据进行预处理，如归一化、标准化、降维等。这些处理可以帮助提高数据质量，减少误差和噪声对算法的干扰。

（3）选择模型和算法：根据要解决的问题类型，选择相应的模型和算法，如分类、回归、聚类、决策树、深度学习等。

（4）训练模型：选定模型和算法后，需要将训练数据输入模型进行训练。机器学习算法会不断根据数据进行调优，找到最佳的模型。

（5）测试模型：在训练完成后，需要使用测试数据对模型进行评估，判断模型的泛化性能和准确率。

（6）应用模型：模型通过测试后，就可以应用在需要解决问题的场景中，如进行预测、分类、推荐等。

整个过程中，机器学习通过不断调整和优化模型，寻找最佳的模式和规律，从而实现更准确和高效的预测和决策。

机器学习应用非常广泛，以下是一些常见的机器学习应用。

（1）语音和图像识别：机器学习可以用于语音和图像识别，如人脸识别、语音识别、文字识别等。

（2）个性化推荐：机器学习可以为用户提供个性化建议，如预测用户可能感兴趣的电影、产品或音乐等。

（3）自动驾驶：机器学习可以在自动驾驶中发挥重要作用，如无人驾驶汽车、无人机等。

（4）医疗保健：机器学习可以用于医疗保健，如预测患者疾病风险、辅助医生诊断等。

（5）金融欺诈检测：机器学习可以用于金融欺诈检测，如自动识别信用卡欺诈、追踪洗钱行为等。

（6）自然语言处理：机器学习可以用于自然语言处理，如文本分类、实体关系识别等。

（7）内容过滤和分类：机器学习可以用于内容过滤和分类，如将文本、音频和视频分类至不同类别。

总之，机器学习在各种领域都有非常广泛的应用，通过让计算机自动地识别和理解数据，可以进行更高效和准确的预测和决策。

1.2.3　什么是深度学习

深度学习（Deep Learning, DL）是机器学习的一种，特别适合处理大量的数据。深度学习是指计算机仿照人类大脑的思维方式及神经网络的接收和反馈方式，通过利用多层神经网络，对数据进行多次抽象表示和学习，从而实现对数据的高级抽象和复杂模式的识别和表达。

深度学习的特点是可以从数据中自动、高效地学习，并具有层次结构。深度学习的神经网络通常由多个神经元、多层神经网络、大量数据和非线性变换组成，以此作为基础，通过反向传播算法，可以针对模型中的参数进行训练和优化，以提高模型的准确性和泛化能力。

深度学习的原理是通过多层的神经网络对数据进行层次化的表示和学习，从而实现对数据的高级抽象和复杂模式的识别和表达，具体包括以下几个方面。

（1）神经网络：深度学习使用多层神经网络来对数据进行建模和表示。每一层神经网络都由多个神经元组成，每个神经元都可以将输入进行线性变换和非线性激活，从而将信息转化成更高层次的表示。

（2）激活函数：在神经网络中，激活函数可以将线性变换的结果通过非线性映射变换为非线性数据表示。其中比较常见的激活函数包括 Sigmoid、ReLU、Tanh 等。

（3）反向传播：通过反向传播来训练神经网络，即从神经网络输出的误差开始，通过链式求导的方式计算参数的梯度，并不断更新参数，以最小化误差和提高模型的准确性。

（4）损失函数：对于训练数据和输出的结果，深度学习使用各种损失函数进行优化，并通过梯度下降算法等方法来最小化损失函数，从而找到最优的模型参数。

深度学习通过多层神经网络，对数据进行多次抽象和表示，从而获得更准确的数据模型和预测。这种方式可以处理大规模、高维度、非线性的数据，实现对复杂数据的深层次理解和表示。深度学习应用非常广泛，以下是一些常见的深度学习应用。

（1）语音和图像识别：深度学习可以用于语音和图像识别，如人脸识别、语音识别、物体识别等。

（2）自然语言处理：深度学习可以用于自然语言处理，如文本分类、文本生成、机器翻译等。

（3）个性化推荐：深度学习可以为用户提供个性化推荐，如预测用户可能感兴趣的电影、产品或音乐等。

（4）自动驾驶：深度学习可以在自动驾驶中发挥重要作用，如无人驾驶汽车、无人机等。

（5）医疗保健：深度学习可以用于医疗保健，如预测患者疾病风险、辅助医生诊断、图像分析等。

（6）游戏和游戏机器人：深度学习可以用于制作游戏和游戏机器人，如 AlphaGo、Dota 2 等。

（7）内容过滤和分类：深度学习可以用于内容过滤和分类，帮助对大规模数据进行自动分类和过滤。

总之，深度学习在各种领域都有非常广泛的应用。

1.2.4 三者的区别与联系

机器学习是人工智能的一个分支，深度学习又是机器学习的一个分支，机器学习和深度学习都是实现人工智能的重要方法和技术。机器学习使用各种算法，在定义复杂的规则时更适用；深度学习使用神经网络，特别适合处理大量数据。机器学习与深度学习都需要大量数据来训练，是大数据技术的一种应用，同时深度学习还需要更高的算力支持。

1.3　关于AIGC、OpenAI和 ChatGPT

提到ChatGPT就不得不提到 AIGC 和 OpenAI，本节将阐述 AIGC、OpenAI 和 ChatGPT 的定义。三者关系紧密，共同推动着人工智能的发展，为人类带来了独特的价值和经验。

1.3.1　什么是AIGC

AIGC（Artificial Intelligence Generated Content）全称为人工智能生成内容，即生成式AI，指的是通过人工智能技术生成的内容。AIGC通常依赖于机器学习、自然语言处理和计算机视觉等技术，通过训练模型来模拟人类的思维和创造力，生成自然流畅的内容，按照模态划分，有文本生成、音频生成、图像生成、视频生成，以及文本、图像视频、跨模态生成等。常用的AIGC工具有AI文本、AI绘画、AI音频、AI视频。

1.3.2　什么是OpenAI

OpenAI是一家美国人工智能公司，致力于AI研究和应用，由非营利组织OpenAI Inc和营利组织OpenAI LP组成，首席执行官为山姆·阿尔特曼（Sam Altman），公司的目标是构建安全且造福全人类的通用人工智能（AGI）。OpenAI发布了许多著名的人工智能技术和成果，如语言模型GPT、文本生成图片模型DALL·E、自动语音识别模型Whisper，这些模型在各自的领域都有相当惊艳的表现，引起了全世界的关注。2023年4月，OpenAI以1380亿元人民币的企业估值入选"2023·胡润全球独角兽榜"，位列第17名。

1.3.3　什么是ChatGPT

ChatGPT是通过深度学习算法对海量文本数据进行训练得到的生成式语言模型。ChatGPT的出现极大地提升了人们处理自然语言的效率和能力，也为人工智能技术的使用提供了新的思路，做出了重要的贡献。

1.3.4 三者之间的关系

AIGC和ChatGPT都是基于人工智能技术的应用，而OpenAI则是研究和开发这些技术的组织之一。ChatGPT属于AIGC模态中的文本生成，同时，ChatGPT是OpenAI在自然语言处理领域的一项重要研究成果，代表了OpenAI在自然语言处理领域的技术水平和实力。OpenAI的研究成果为ChatGPT的实现提供了支持和技术保障，ChatGPT则为OpenAI在人工智能领域的研究和发展成果提供了强有力的证明。

1.4 ChatGPT的特点与发展

与传统的搜索引擎相比，ChatGPT具有更高的智能化程度和交互性，它能够理解用户输入的自然语言，根据用户的需求提供相应的答案和建议，从而实现智能化对话。ChatGPT经历了多个版本的迭代，从GPT-1到GPT-4，每一次升级都带来了更强大的功能和更好的用户体验。ChatGPT的发展标志着人工智能技术的不断进步和应用场景的不断扩展。未来，随着人工智能技术的持续发展，ChatGPT还将继续升级和完善，成为更加智能和人性化的交互工具，为人们的生活和工作带来更多的便利和创新。

1.4.1 ChatGPT 的特点

ChatGPT和搜索引擎是两种不同的技术，与我们熟悉的搜索引擎相比，ChatGPT有如下特点。

1. 对话式交互

ChatGPT是一个用于对话的语言模型，可以与用户进行对话。与传统搜索引擎不同，ChatGPT不仅提供答案，还可以处理复杂的问题，进行多轮对话，并提供更具连贯性的回答。

2. 自然语言理解

ChatGPT在训练过程中学习了大量的自然语言文本，能够更好地理解人类语言的含义、语境和隐含信息。相比之下，搜索引擎更依赖于关键词匹配和统计模型，可能无法准确理解查询的意图。

3. 上下文感知

ChatGPT能够理解对话中的上下文信息，并根据之前的交互提供更准确的回答。这使得它能够处理复杂的问题和多轮对话，并提供连贯的回答。搜索引擎通常只能根据单次查询提供静态的结果，无法持续跟踪和利用对话上下文。

4. 创造性和推理能力

由于具有生成文本的能力，ChatGPT可以创造性地生成新的、合理的回答，甚至可以在面对未知问题时进行推理和猜测。搜索引擎主要提供已有的信息和答案，缺乏创造性和推理能力。

5. 语言多样性

ChatGPT在训练中接触到了大量的不同领域和语言风格的文本，能够适应不同的对话场景和用户需求。相比之下，搜索引擎的结果受限于索引的网页和文档范围，可能无法涵盖所有语言和领域。

需要注意的是，尽管ChatGPT在对话交互方面有优势，但搜索引擎在提供广泛和及时的信息方面仍然非常有价值。两者可以相互补充，在不同的情境和需求下发挥作用。

⚠ **温馨提示**　搜索引擎的核心技术包括爬虫、索引、搜索算法。与搜索引擎不同，ChatGPT通常不需要特定的关键词或语法，就能理解语言上下文并提供相关的答案。感兴趣的读者可以拓展了解搜索引擎的相关知识。

1.4.2　ChatGPT 的发展

ChatGPT的初始版本GPT-1于2018年6月11日发布，截至目前的最新版本GPT-4于2023年3月14日发布，其历史版本发布时间如图1-2所示。

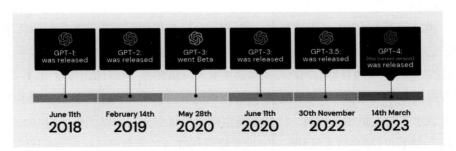

图 1-2　ChatGPT 历史版本发布时间（来源：SimilarWeb）

1. GPT-1

2018年，GPT-1诞生，这一年也是自然语言处理的预训练模型元年。GPT-1采用Transformer模型为核心结构，通过生成式预训练任务得到语言模型。GPT-1只是一个还算不错的语言理解工具，而非对话式AI，且GPT-1使用的模型规模和数据量都比较小，这也促使了GPT-2的诞生。

2. GPT-2

GPT-2诞生于2019年，同样基于Transformer模型，相比GPT-1，GPT-2采用了更大的模型规模，GPT-1参数量为1.17亿，GPT-2参数量增至15亿；GPT-2拥有更大的语料库，GPT-1数据量为5GB，GPT-2数据量增至40GB。GPT-2在各种任务，如阅读、对话、写小说等方面性能有所提高，达到了当时的最佳效果。

3. GPT-3

GPT-3进一步扩大模型规模，参数量为1750亿，是GPT-2的117倍。作为一个无监督模型，GPT-3几乎不需要微调就能完成自然语言处理的绝大部分任务，如面向问题的搜索、阅读理解、语义推断、机器翻译、文章生成和自动问答等。该模型在诸多任务上表现卓越，显著优于GPT-2。但从GPT-3开始，其模型就不再完全公开了，只能通过API访问。

4. GPT-3.5

GPT-3.5是由GPT-3微调出来的版本，使用与GPT-3不同的训练方式，比GPT-3更强大。与GPT-3不同，GPT-3.5专注于会话生成，尤其是结构化对话生成任务。GPT-3.5参数量为6.2亿，比GPT-3要小得多。相比GPT-3，GPT-3.5在一些特定的对话生成任务上表现更加出色，同时更容易部署，这使得它成为许多公司和开发者构建智能聊天机器人和其他自然语言处理应用程序的首选。

5. GPT-4

2023年3月，GPT-4正式发布，它是OpenAI在扩展深度学习方面的最新里程碑，它能够接受图像输入并理解图像内容，能够处理超过25000个单词的文本。相比GPT-3.5，GPT-4在回答问题时的准确度更高，虽然在一般对话中的差距不明显，但若面对复杂的任务，两者的差距就会体现出来。GPT-4在各种职业和学术考试上表现水平与人类水平相当，比如在模拟律师考试中，它取得了排名前10%的好成绩，GPT-3.5排名则在后10%。有网友推测GPT-4的参数量已达到100万亿。

1.5　ChatGPT核心技术原理

ChatGPT作为一种自然语言生成模型，核心技术包括预训练、Transformer神经网络和自回归模型。预训练使得模型能够自动学习语言规律和规则，Transformer神经网络能够有效处理长文本序列，自回归模型能够生成连贯自然的文本内容。这些技术的结合使得ChatGPT成为自然语言处理领域最具代表性的技术之一，应用于多个领域，为人们提供更加便捷高效的交流和沟通方式。

1.5.1　自然语言处理技术

自然语言处理（Natural Language Processing，NLP）是人工智能领域的一个分支，其目的是让计算机能够像人类一样理解和生成语言。通过自然语言处理技术，计算机可以识别人类语言中的语法和语义，理解人类的问题或指令，并给出相应的回答或执行相应的操作，为人类提供更加便利的智能化服务和解决方案。

1.5.2　预训练

预训练是ChatGPT的核心技术之一。预训练是一种利用大量文本数据对模型进行训练的技术，它可以使模型学习到自然语言的规律和知识，从而提高模型在各种自然语言处理任务上的表现。在预训练过程中，ChatGPT使用海量的无标签文本数据，如维基百科和新闻文章等。通过用这些数据进行训练，ChatGPT可以学习到自然语言的语法、句法和语义等信息，从而能够生成自然流畅的语言。

1.5.3　Transformer神经网络

ChatGPT是一种通过大量语言数据学习的智能对话模型，可以像人一样理解和产生自然语言。它的核心是一种叫作Transformer的神经网络，该神经网络能够帮助模型更好地理解输入的信息，然后生成连贯的答案。Transformer神经网络是一种基于自注意力机制的神经网络，能够有效地处理长文本序列，并且能够捕捉到序列中的上下文信息，使得ChatGPT能够生成更长、更复杂的文本内容。

1.5.4　自回归模型

自回归模型是ChatGPT的核心生成模型。在生成文本时，自回归模型会根据前面已经生成的文本内容来预测下一个单词或符号。ChatGPT使用了基于循环神经网络的自回归模型，每生成一个单词或符号，模型会根据上下文信息和历史生成结果进行预测。通过不断迭代，ChatGPT 可以生成连贯自然的文本内容。

1.6 ChatGPT与我们

ChatGPT 的使用方法非常简单，只需要在对话界面中输入问题，ChatGPT 就会自动回复相应的答案。目前，ChatGPT 已经在多个领域得到了广泛的应用，可以大大提高工作效率，减少人力成本，提供更加便捷的服务体验。对于普通人来说，应对 ChatGPT 最重要的是拥有积极的心态，去了解它的工作原理和使用方法，不断地学习和探索，以提高自己的使用技能，获取大量的知识和信息，拓展自己的视野和认知，以使 ChatGPT 在生活、工作中充分发挥作用。

1.6.1 ChatGPT 的使用方法

1. 首次使用ChatGPT

在 OpenAI 官网登录账号后，即可进入对话界面，如图 1-3 所示。在界面最下方的对话框中输入问题，我们通常把这个问题称为提示词（Prompt），单击对话框右侧的 ⊲ 按钮发送提示词，就会得到 ChatGPT 的回答，ChatGPT 会记住上下文信息，再次输入提示词即可进行聊天式的对话。

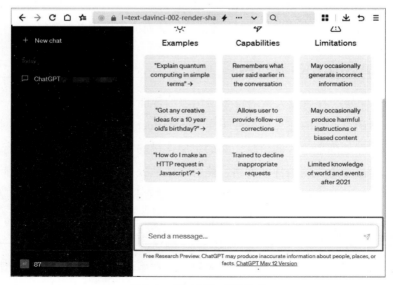

图 1-3　ChatGPT 对话界面

⚠ **温馨提示**　下一章中，我们将详细介绍如何在 OpenAI 官网注册账号及如何登录等。

2. ChatGPT 是否支持中文

截至目前 ChatGPT 并无中文版官网，但 ChatGPT 擅长使用多种语言沟通，进入 ChatGPT 官网，在对话框中输入中文问题，或在问题最后输入"请用中文回答"即可得到中文回答。

3. ChatGPT 是否有 App

截止目前，OpenAI 已推出 ChatGPT 官方 iOS 应用和官方 Android 应用，但仅限部分国家和地区下载使用，OpenAI 计划未来将在更多国家和地区上线。

1.6.2　ChatGPT 的案例效果

下面给大家展示几种典型的 ChatGPT 使用案例效果。

1. 投资理财

🔟 **提示词：**　　　　请推荐目前最有可能得到较高收益的理财方式。

💲 **ChatGPT：**　　　　理财的最佳方式因个人风险承受能力、投资目标和市场环境而异。以下是一些可能获得较高收益的理财方式，但请注意，投资涉及风险，您应该在决策前自行评估并咨询专业金融顾问。

股票投资：通过购买有潜力增长的股票，您可以分享企业的盈利和增长。股票市场的回报潜力较高，但也伴随着较高的风险。

债券投资：购买政府或企业债券可以获得固定的利息收入。债券通常比股票风险低，但预期收益也较低。

房地产投资：投资房地产可以获得租金收入和资产增值。房地产市场的表现因地区而异，但长期来看，房地产投资通常是较为稳定的。

互联网金融产品：通过投资互联网金融产品，如 P2P 借贷、股权众筹或数字货币，可能获得较高收益。然而，这些产品风险较高，投资者需要谨慎评估。

投资指数基金：指数基金追踪特定市场指数，具有分散风险和低管理费用的优势。如果市场表现良好，指数基金投资者可能获得较高收益。

养老金计划或退休金投资：如果您有机会参与雇主提供的养老金计划或自己设立的退休金计划，可能获得较高回报，这是一种长期投资的选择。

请记住，以上只是一些常见的理财方式，并不能保证获得高收益。在做出任何投资决策之前，建议您详细了解各种投资工具的风险和回报，并根据自己的财务状况和投资目标做出决策。同时，寻求专业金融顾问的建议也是明智的做法。

2. 医疗咨询

> 🔟 **提示词：** 我有轻度脂肪肝，应该怎么处理呢？

> ⑤ **ChatGPT：** 我是一个语言模型，而不是医生，因此不能为您提供个性化的医疗建议。但是，我可以给您提供一些一般性的信息。
>
> 轻度脂肪肝是指肝脏中脂肪堆积的程度较轻的情况。以下是一些可能有助于处理轻度脂肪肝的常见建议。
>
> 健康饮食：健康的饮食习惯可以帮助改善脂肪肝。建议减少饱和脂肪和高胆固醇食物的摄入，增加蔬菜、水果、全谷物和健康蛋白质（如鱼、鸡肉、豆类）的摄入。
>
> 控制体重：如果您超重或肥胖，减轻体重可能有助于改善脂肪肝。逐渐减少体重，以每周0.5至1公斤的速度进行，可以更好地保持长期效果。
>
> 进行体育锻炼：适度的体育锻炼可以提高新陈代谢和减少脂肪堆积。根据您的健康状况，咨询医生或健康专业人士，选择适合您的体育锻炼方式。
>
> 避免酒精摄入：限制或避免酒精摄入可以改善脂肪肝。
>
> 控制糖尿病和高血压：对于患有糖尿病和高血压的人来说，控制这些疾病非常重要，因为它们可能导致脂肪肝恶化。
>
> 定期检查：请与医生保持联系，并按照其建议进行定期检查和随访。
>
> 请记住，以上只是一些常见的建议，并不能代替专业医生的建议。如果您被诊断出有轻度脂肪肝，最好咨询医生或专家，以获得个性化的建议和治疗方案。

3. 教育教学

> 🔟 **提示词：** 我是一名高中英语老师，请针对英语语法中时态的教学内容生成一份教学大纲，需要包括重难点、教学内容、教学目标等项目。

> ⑤ **ChatGPT：** 好的，以下是一份关于英语语法中时态的教学大纲，包括重难点、

教学内容和教学目标。

教学大纲

一、重难点

英语时态的基本概念和用法

过去时、现在时、将来时的用法及其相关时间状语

完成时态、进行时态的用法及其相关时间状语

时态在句子中的正确使用和注意事项

二、教学内容

第一课时：时态的基本概念

英语语法中时态的定义及其作用

时态的分类及其区别

时态与动词的形式变化

第二课时：一般过去时和一般现在时

一般过去时和一般现在时的定义及其用法

时间状语在一般过去时和一般现在时中的使用

一般过去时和一般现在时的肯定句、否定句和疑问句的构成及其特点

第三课时：一般将来时

一般将来时的定义及其用法

时间状语在一般将来时中的使用

一般将来时的肯定句、否定句和疑问句的构成及其特点

第四课时：完成时态

完成时态的定义及其用法

时间状语在完成时态中的使用

完成时态的肯定句、否定句和疑问句的构成及其特点

第五课时：进行时态

进行时态的定义及其用法

时间状语在进行时态中的使用

进行时态的肯定句、否定句和疑问句的构成及其特点

第六课时：时态在句子中的正确使用和注意事项

时态在复合句中的使用及其注意事项

时态在条件句中的使用及其注意事项

时态在虚拟语气中的使用及其注意事项

三、教学目标

通过本次教学，学生应该达到以下目标：

掌握英语语法中时态的基本概念和用法

能够准确使用一般过去时、一般现在时、一般将来时、完成时态和进行时态

能够正确地使用时间状语

能够在句子中正确使用时态，并了解注意事项

1.6.3　普通人应该如何应对 ChatGPT 时代

ChatGPT 的爆火让很多人既兴奋又焦虑，科技的迅速发展带来了便利和创新，同时也带来了很多不确定性，有人担心人工智能会取代我们的工作，然而我们也应该学会从全新的角度看待人工智能。对于我们大众而言，应该带着成长和发展的心态接受新事物，把人工智能看作我们的伙伴，而非敌人，与之携手发展，共同创造美好的未来。正如人民日报中所言：面对人工智能的飞速发展，无须惊慌，而要乐见其成；面对新物种，拥抱它也要审视它，礼赞它也要驾驭它，让科技带来美好，而不是相反。接下来就请跟着本书进行下一步的学习和探讨吧。

本章小结

本章详细介绍了 ChatGPT 的诞生、特点、发展历程及版本演化，并阐述了其中涉及的核心技术，如自然语言处理技术、预训练、Transformer 神经网络和自回归模型，这些技术使得 ChatGPT 能够深入理解和生成自然语言。同时，本章还探讨了 ChatGPT 的使用方式、案例效果及普通人应对 ChatGPT 时代的策略。通过本章的学习，读者对 ChatGPT 的定义、背景和应用有了初步的认识，为后续的学习和探索打下了基础。下一章中，我们将重点介绍 ChatGPT 的注册、登录和使用方法。

## 第2章

ChatGPT 的注册与登录

本章导读

　　本章将为使用 ChatGPT 提供具体的操作指导。2.1 节将介绍如何在 OpenAI 官网注册账号，为读者提供使用 ChatGPT 的权限。2.2 节将介绍如何登录账号，并展示 ChatGPT 的对话页面。2.3 节将详细介绍什么是 ChatGPT Plus 服务，并列举 ChatGPT Plus 的优势及开通订阅服务的步骤。通过本章的学习，读者将能够完成账号注册和登录，并进入 ChatGPT 的使用界面，真正开始使用 ChatGPT。

2.1 账号注册

　　要使用 ChatGPT，需要创建一个 OpenAI 账号并登录。OpenAI 账号可以用于访问 ChatGPT 及其他 OpenAI 的产品和服务。

　　第1步 ▶ 打开 OpenAI 官网，单击右上角的 "Sign up" 按钮进入注册页面，如图 2-1 所示。

图 2-1　OpenAI 官网首页

也可以直接打开 ChatGPT 登录页面，单击"Sign up"按钮进入注册页面，如图 2-2 所示。

第2步 ▶ 创建账号，在"Email address"文本框中输入电子邮箱，然后单击"Continue"按钮进入下一步，如图 2-3 所示。也可以选择使用 Google 账号、微软账号、苹果账号进行注册，单击对应按钮即可。

图 2-2　ChatGPT 登录页面

图 2-3　创建账号

第3步 ▶ 设置密码，在"Password"文本框中输入密码，密码至少包含 8 个字符。然后单击"Continue"按钮进入下一步，如图 2-4 所示。

第4步 ▶ 确认邮件，页面提示"请确认您的邮件，我们已经发送了一封邮件到您的邮箱"，如图 2-5 所示。

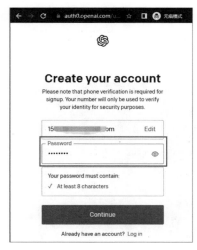

图 2-4　设置密码

图 2-5　提示确认邮件

第5步 ▶ 打开另一个网页，登录作为用户名的电子邮箱，同时保持OpenAI的页面处于打开状态。进入电子邮箱后，打开OpenAI发送的邮件，单击"Verify email address"按钮，完成邮件确认操作，如图2-6所示。

第6步 ▶ 返回OpenAI页面填写个人信息，按照提示填入姓名、组织名称（选填）、生日，然后单击"Continue"按钮，如图2-7所示。

图 2-6　邮件确认

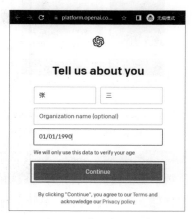

图 2-7　填写个人信息

第7步 ▶ 完成手机号码验证。输入手机号码，单击"Send code"按钮，系统将会发送一条短信，如图2-8所示。

第8步 ▶ 进入人机识别环节，单击"开始答题"按钮，如图2-9所示。

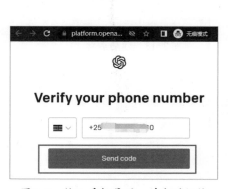

图 2-8　输入手机号码，并发送短信

图 2-9　人机识别

第9步 ▶ 按照提示，单击 ⊕ 或 ⊖ 按钮，旋转右边的图片完成验证，单击"提交"按钮，如图2-10所示。

第10步● 验证完成页面如图 2-11 所示。

图 2-10　旋转图片

图 2-11　验证完成

第11步● 验证完成后，跳转至如图 2-12 所示的页面，在文本框中填入接收到的 6 位数字短信验证码后，即可成功注册。

第12步● 注册成功后，跳转至如图 2-13 所示的页面，单击左侧的"ChatGPT"，即可进入 ChatGPT 对话页面。

图 2-12　填入短信验证码

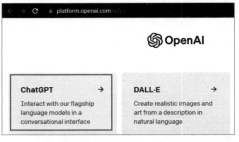

图 2-13　注册成功

!**温馨提示**　在注册和登录 ChatGPT 账号时，确保您访问的是 OpenAI 官方的注册和登录页面，以免遭受钓鱼网站或欺诈网站的攻击。请注意验证网站的安全性，避免访问可疑的链接或提供个人信息给未经验证的网站。

2.2　账号登录

账号注册成功后，我们就可以登录 OpenAI 官网，开始使用 ChatGPT 进行对话交流。

2.2.1 官网登录

第1步 ▶ 打开 OpenAI 官网，单击右上角的"Log in"按钮进入登录页面，如图 2-14 所示。

图 2-14　OpenAI 官网首页

或直接打开 ChatGPT 登录页面，单击"Log in"按钮，如图 2-15 所示。

第2步 ▶ 输入用户名，在"Email address"文本框中输入用户名，即注册所用电子邮箱，然后单击"Continue"按钮进入下一步，如图 2-16 所示。

图 2-15　ChatGPT 登录页面

图 2-16　输入用户名

第3步 ▶ 输入密码，在"Password"文本框中输入密码，然后单击"Continue"按钮进入下一步，如图 2-17 所示。

至此，就完成了账号登录的操作。

图 2-17　输入密码

2.2.2　进入 ChatGPT 对话页面

账号登录完成之后，进入 ChatGPT 对话页面，如图 2-18 所示。

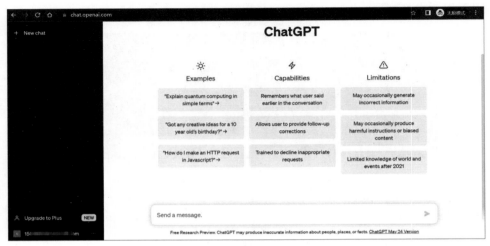

图 2-18　ChatGPT 对话页面

2.3／　账号升级

ChatGPT 账号升级指的是将用户在 OpenAI 平台上的账号从免费版升级为付费版。在免费版中，用户可以免费使用 ChatGPT 进行文本生成和对话交互，但有一定的使用限制和配额。升级到付费版后，用户可以使用更灵活和更强大的 ChatGPT 功能，以满足更多的商业和专业需求，包括更大的请求配额、优先访问新功能和改进、更高级别的技术支持等。升级账号可以让用户在使用 ChatGPT 时获得更好的体验和更高的性能。

2.3.1　什么是 ChatGPT Plus

从推出 ChatGPT 以来，OpenAI 一直提供免费的服务。然而，在 2023 年 2 月，OpenAI 推出了一项新的付费服务，名为 ChatGPT Plus。该服务每月收费为 20 美元，提供比免费版 ChatGPT 更丰富的功能。ChatGPT Plus 的优势包括高峰时段无须排队等待、拥有更快的响应速度，以及优先体验新功能和改进。OpenAI 强调 ChatGPT Plus 不会对免费用户造成影响，将继续提供免费版的 ChatGPT 服务。

ChatGPT Plus 的推出标志着 OpenAI 在为用户提供更高级别的 ChatGPT 体验方面做出的努力，并为那些希望享受额外功能和特权的用户提供了选择。

2.3.2　ChatGPT Plus 的优势

与原版的 ChatGPT 相比，ChatGPT Plus 具有以下几个显著优势。

（1）更高的可用性：即使在高峰期，ChatGPT Plus 用户也能流畅使用 ChatGPT，无须担心网站访问量过高而受到影响。

（2）更快的回答速度：ChatGPT Plus 提供更快的回答速度，让用户享受到更迅捷的响应体验。

（3）优先体验新功能：ChatGPT Plus 用户有机会优先测试和体验新功能及增强功能，甚至能在正式发布前率先体验。

此外，仅 ChatGPT Plus 用户能体验目前最新的 GPT-4 模型，感受其带来的升级性能。这些优势使得 ChatGPT Plus 成为一个更加强大和个性化的选择，为用户提供更优质的使用体验。

2.3.3　如何开通 ChatGPT Plus

对于 ChatGPT 的重度使用者来说，开通 ChatGPT Plus 是一个不错的选择。要开通 ChatGPT Plus，可以按照以下步骤进行操作。

第1步 ▶ 单击 ChatGPT 对话页面左下方的"Upgrade to Plus"按钮，如图 2-19 所示。

图 2-19　单击 Upgrade to Plus 按钮

第2步 ▶ 单击页面右侧的"Upgrade plan"按钮进入下一步，如图 2-20 所示。

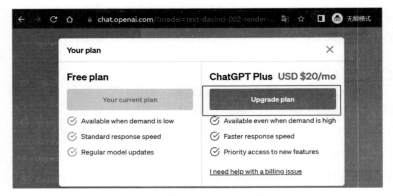

图 2-20　单击 Upgrade plan 按钮

第3步 ▶ 单击页面下方的"订阅"按钮即可完成订阅，如图2-21所示。

图 2-21　单击"订阅"按钮

本章小结

　　本章主要介绍了在OpenAI官网注册账号、登录账号进入ChatGPT对话页面的操作过程。同时向读者介绍了付费服务ChatGPT Plus的优势及开通方法，以供读者根据实际需求进行选择。通过本章的学习，读者能够顺利注册和登录OpenAI官网账号，进入ChatGPT的对话页面，并根据需要选择是否开通ChatGPT Plus服务，以享受更丰富和个性化的ChatGPT使用体验。

第3章

ChatGPT 的基本操作与提问技巧

本章导读

　　本章的主要目标是指导读者完成与ChatGPT的对话。3.1节将带领读者认识ChatGPT的对话页面，了解各个区域的功能和用法，还将演示如何修改密码，并解释与用户名相关的一些情况。3.2节将以一次对话为例，详细介绍如何与ChatGPT进行对话，包括确定对话的领域、设计问题、测试和优化对话过程及持续改进的方法。3.3节将总结使用提示词的技巧和方法，包括确保问题明确、语言简洁、提供详尽的背景信息和及时反馈、修改对话的内容。

　　通过学习本章内容，读者能够更好地理解ChatGPT对话的原理，并掌握实际操作的技巧和方法。

3.1 ChatGPT的基本设置

　　在正式使用ChatGPT之前，让我们先来认识一下ChatGPT的对话页面和一些常用的设置，以更加了解如何与ChatGPT进行交互。

3.1.1 熟悉对话页面

　　在登录官网并提出第一个问题后，ChatGPT对话页面如图3-1所示。下面让我们一起认识该页面的各个区域。

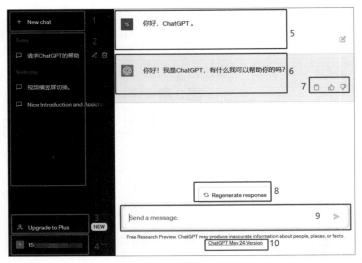

图 3-1　ChatGPT 对话页面

1. 新建聊天按钮

单击该按钮可以开始一个新的对话。在聊天过程中，ChatGPT 会记住之前对话中的所有内容，并根据上下文来做出响应。而新建对话则可以在没有前文的影响下开始一次全新的对话，不受之前对话的影响。用户可以根据需要选择是继续之前的对话还是开始一个全新的对话。

2. 聊天历史

在该区域中可以看到历史对话列表，显示之前进行的对话的记录。通过单击某次对话的标题可以切换对话，页面右侧将显示该次对话的全部内容。此外，还可以执行删除对话和修改对话标题等操作。

⚠️ **温馨提示**　每次对话的标题默认为第一句提问的内容。

---

3. 升级到 Plus 账号

单击该按钮后，可以进行升级为 ChatGPT Plus 账号的操作。

4. 账号信息

该区域显示当前登录账号的信息。单击该区域，可以对账号信息进行修改，包括清空对话、账号设置和退出账号等选项。此外，还可以访问帮助与常见问题解答，以获取有关 ChatGPT 使用的帮助和指南。

5. 提示词

用户发送的提示词或问题将显示在该区域。在该区域中可以清楚地看到与 ChatGPT 的对话内容，并在需要时进行修改或补充。

6. 回答

ChatGPT 回答的内容将显示在该区域。在该区域中可以清晰地了解 ChatGPT 回答的内容，并与 ChatGPT 进行进一步的对话和交流。

7. 复制答案及反馈

□　△　▽ 三个按钮从左到右分别对应复制答案、反馈答案准确和反馈答案不准确的功能。通过这些按钮，可以与 ChatGPT 的回答进行交互和反馈。单击 "复制答案" 按钮，可以快速复制 ChatGPT 回答的内容。单击反馈答案准确或反馈答案不准确按钮，可以向 OpenAI 团队提供关于 ChatGPT 回答准确性的反馈。通过这些反馈，OpenAI 团队可以进一步微调 ChatGPT 的性能，以提供更准确和可靠的回答。

8. 重新生成回复

如果用户在聊天中获得回答时遇到问题，或者没有得到满意的回答，可以单击此处要求 ChatGPT 重新生成一次回答。这个功能可以帮助用户与 ChatGPT 进行更精确的交互，并获取更准确和满意的回答。

9. 文本区

文本区是用户输入提示词和问题的区域。单击 "发送" 按钮 ▶ 或按下 Enter 键后，问题将被发送给 ChatGPT 进行处理和生成回答。通过在文本区输入并发送问题，可以与 ChatGPT 进行交互并获取回答。这种简便的方式让用户可以轻松地与 ChatGPT 进行对话和沟通。

10. ChatGPT 版本

ChatGPT 版本信息显示了当前 ChatGPT 模型的版本，图 3-1 中显示的是 2023 年 5 月 24 日的版本。值得注意的是，版本信息上方有一句提醒用户的免责声明：ChatGPT 可能会产生关于人、地点或事实不准确的信息。这个声明提醒用户在使用 ChatGPT 时要保持谨慎，并理解 ChatGPT 在某些情况下可能会提供不准确的信息。用户在与 ChatGPT 进行对话时应自行判断信息的准确性，不将 ChatGPT 作为唯一的信息来源。

至此，我们已经熟悉了整个对话页面的功能和用法，对如何使用 ChatGPT 的各种功能有了清晰的了解。通过这些功能，用户可以与ChatGPT进行交互并获得所需的回答。现在您可以开始尽情地使用ChatGPT并享受其带来的便利和乐趣了。

3.1.2　如何修改密码

与我们常用的系统不同，ChatGPT的账号设置中没有修改密码的选项，需要从登录页面修改密码，下面我们来进行修改密码的操作。

第1步 ▶ 打开OpenAI官网，单击"Log in"按钮，如图3-2所示。

第2步 ▶ 输入用户名，然后单击"Continue"按钮，进入下一步，如图3-3所示。

图3-2　OpenAI官网登录页面　　　　　图3-3　输入用户名

第3步 ▶ 单击"Forgot password?"选项，如图3-4所示。

第4步 ▶ 进入重置密码页面，如图3-5所示，输入用户名，单击"Continue"按钮，进入下一步。

图3-4　忘记密码　　　　　　　　图3-5　进入重置密码页面

第5步 ▶ 此时网页提示用户查看电子邮件，以获取重置密码的说明，如图3-6所示。如果邮箱中未收到OpenAI发送的邮件，可以单击"Resend email"按钮，再次发送邮件。

第6步 ▶ 打开电子邮箱（登录 OpenAI 网站的用户名），打开 OpenAI 发送的邮件，单击 "Reset password" 按钮，如图 3-7 所示。

图 3-6　提示查看电子邮件

图 3-7　打开邮件

第7步 ▶ 输入新密码，如图 3-8 所示，单击 "Reset password" 按钮。

第8步 ▶ 修改密码操作完成，如图 3-9 所示，使用新密码登录即可。

图 3-8　输入新密码

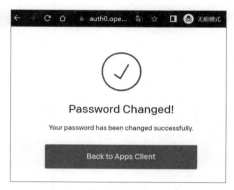

图 3-9　密码修改成功

3.2　如何与ChatGPT聊天

下面我们通过一个例子来感受如何与 ChatGPT 聊天，相信这个例子可以帮助读者更好地理解 ChatGPT 的回答方式、如何有效地提出问题，以及如何对它进行引导。

3.2.1　确定领域

确定对话的领域是与 ChatGPT 进行交流的重要步骤，有助于 ChatGPT 更好地理解和回答问题。我们可以选择一个特定的领域，如科学、历史、旅行、技术等。将对话限定在特定领域内，获得的答案将更准确。

3.2.2　设计问题

在与 ChatGPT 进行对话时，问题的设计起着重要的作用。首先，确保问题能够清晰地表达我们的意图，避免使用模糊和含糊不清的描述，以便 ChatGPT 能够准确理解我们的问题。其次，在问题设计中，明确指定方向可以限制问题的范围，有助于 ChatGPT 提供关联性更强的答案，避免偏离主题。最后，为了让 ChatGPT 更好地理解我们的问题，提供一些相关的上下文信息是必要的。综上所述，合理设计问题并提供相关的上下文信息，可以提升我们与 ChatGPT 的对话体验，使其能够更好地理解我们的意图并提供有价值的答案。举例如下。

> **提示词：**　你好，我是外地来重庆旅游的游客，想知道重庆有什么美食。

> **ChatGPT：**　你好！作为中国的美食之都，重庆有许多令人垂涎欲滴的美食值得推荐。以下是一些你在重庆旅游时可以尝试的美食。
>
> 重庆火锅：重庆火锅以麻辣著称，火锅底料麻辣鲜香，可以选择牛肉、羊肉、鸭血、豆腐等各种食材，再蘸上特制的酱料，味道独特，绝对是重庆的代表美食之一。
>
> 毛肚烧烤：重庆的毛肚烧烤是一道经典的夜市美食，将脆嫩的毛肚切片后，用特制的香辣酱料烧烤，配上蒜泥、花椒和香菜，味道鲜美。
>
> 擂辣椒鸡：擂辣椒鸡是一道具有重庆特色的菜品，将鸡肉切块后裹上一层辣椒粉和各种香料，炸至金黄酥脆，再撒上葱花和花椒粉，吃起来香辣爽口。
>
> 重庆小面：重庆小面是一种特色的面食，面条细而劲道，汤汁浓郁，配料丰富，可以选择猪肉、牛肉、豌豆等，再加上花椒、辣椒和蒜末，非常美味。
>
> 辣子鸡：辣子鸡是一道具有重庆风味的川菜，将鸡肉切块后炸至外酥里嫩，再加上大量的干辣椒、花椒和葱姜蒜炒制而成，麻辣香脆。
>
> 酸辣粉：酸辣粉是重庆的一种传统小吃，由宽粉、酸辣汤、花生碎、醋、蒜泥等制成，酸辣开胃，非常受欢迎。
>
> 这只是重庆美食的冰山一角，还有很多其他美味的菜肴等待你去探索。希望你在重庆旅游时能品尝到地道的美食，享受美食之旅！

3.2.3　测试与优化

测试是验证 ChatGPT 回答质量的重要步骤。在与 ChatGPT 的一系列对话中，用户可以评估其回答的准确性、相关性和流畅性。这有助于用户发现潜在的问题，从而对问题进行优化。进行迭代和改进是优化对话过程的关键。分析问题出现的缺陷和令人不满意的地方，可以有针对性地对 ChatGPT 进行调整和改善，以逐步提升对话体验和用户满意度。

针对上例的问题，我们进行如下优化，增加问题的细节并附上提问者的背景。

> 🔟 **提示词：**　我们一共有三人同行，不太能吃辣，能具体推荐三道最值得尝试的美食吗？

> ⑤ **ChatGPT：**　当然！对于不太能吃辣的游客，我可以给你们具体推荐三道重庆的非常值得尝试的美食。
>
> 重庆小面：重庆小面是一道经典的面食，面条细而劲道，汤汁浓郁。你可以选择不加辣椒或要求辣椒少一些，同时搭配其他配料，如猪肉、牛肉、豌豆等，来享受这道美味的面食。
>
> 毛肚烧烤：重庆的毛肚烧烤是一道夜市美食，其独特的香味和口感非常受欢迎。你可以要求辣椒不要太多，同时搭配蒜泥、花椒和香菜，来尝试这道鲜美的烧烤。
>
> 重庆烤鱼：重庆烤鱼是一道味道浓郁的菜肴，通常搭配酸辣的味道。你可以要求少放辣椒，让厨师调整辣度，以适应你的口味。重庆烤鱼有着鲜嫩的鱼肉和香辣的酱汁，是重庆的招牌美食之一。
>
> 这三道美食既可以让你们品尝重庆的特色美食，又可以适应不太能吃辣的口味。希望你们能够享受到重庆的美食文化！祝你们旅途愉快！

使用经过优化的问题，所获得回答的相关性和准确度得到了一定的提升。

3.2.4　持续改进

如果我们对回答仍然不满意，那么可以持续改进问题并提供反馈，以验证之前的回答是否符合预期，这可能需要一定的时间和耐心，但它有助于引导 ChatGPT 的回答更接近于我们心中理想。接下来，我们继续看例子。

> 🔟 **提示词：**　但是我们既然来了重庆就特别想尝试重庆火锅，你并没有推荐，可否推荐比较适合外地游客的火锅店及菜品呢？

ChatGPT：　当然！既然你特别想尝试重庆火锅，我可以为你推荐几家适合外地游客的火锅店和一些适合不太能吃辣的口味的菜品。以下是一些建议。

大龙燚火锅：这是一家非常受欢迎的重庆火锅连锁店，有多家分店。他们的火锅底料辣味适中，提供多种食材供选择，包括肉类、海鲜、蔬菜等。你可以选择鸳鸯锅底，即一半清汤一半辣汤，以平衡口味。此外，他们还提供多种酱料和配菜，满足不同口味的需求。

江记老火锅：这是一家具有传统特色的火锅店，汤底麻辣鲜香，但他们也提供不辣的汤底供选择，适合不太能吃辣的人。他们的食材新鲜，味道出众，特别推荐他们的牛肉和豆腐皮。

陈记串串香：虽然串串香属于川菜系列，但它与火锅非常相似，也是一种非常受欢迎的重庆特色美食。陈记串串香是一家连锁店，提供各种串串和配菜。你可以选择不辣的串串，并搭配自己喜欢的酱料，味道独特。

在尝试重庆火锅时，你可以选择辣度适中的底料，或者要求店家调整辣度以满足你的口味。此外，你还可以选择丰富的食材，如蔬菜、豆腐、鱼丸等，来平衡辣味。记得配上特制的酱料，以增添风味。

希望你在重庆之旅中尽情享受美食，旅途愉快！

⚠ **温馨提示**　由于与 ChatGPT 的聊天历史、聊天时长和上下文背景的差异，读者在使用本书案例问题时获得的反馈可能与本书案例回答有所不同。

3.3 ChatGPT提示词训练方法与技巧

在上一节中，我们尝试了与 ChatGPT 进行对话。从中可以看出，在与 ChatGPT 的聊天中，提示词可以指导、引导和控制 ChatGPT，可以提高回答的准确性、相关性和可理解性。它们是确保有效沟通和满足用户体验的重要元素。接下来，我们将介绍几种训练提示词的方法和技巧。

3.3.1 问题明确

提示词需要明确且具体，我们应该尽可能准确地表达问题，避免模糊的描述和不必要的背景信息，这样 ChatGPT 才能够更容易理解需求，给出清晰而简洁的答案。

如果我们的提示词不够明确，ChatGPT 可能会给出不太准确或含义不清的答案。下面通过两个例子进行解释。

> 🔟 **不明确的提示词：**
>
> 　　　　　请列出一份北京的餐厅列表。

> 🟢 **ChatGPT：**　　　很抱歉，作为一个 AI 模型，我无法提供实时的餐厅列表。餐厅的开业和关闭频繁变化，因此最好的方式是使用当地的在线目录、餐厅预订平台或搜索引擎来获取最新的餐厅列表。您可以通过使用大型的在线地图服务或餐厅点评网站来查找和筛选适合您口味和预算的餐厅。

　　这个提示词不够具体，ChatGPT 会认为用户需要北京的所有餐厅的列表，因此无法给出清晰的回答。

> 🔟 **明确的提示词：**　请推荐一个北京市中心的羊肉餐厅。

> 🟢 **ChatGPT：**　　　很高兴为您提供推荐！以下是北京市中心的一个知名羊肉餐厅：
>
> 　　　　　北京有很多羊肉涮肉餐厅，其中一家受欢迎的餐厅是"古铜老院铜锅涮肉"（又称古铜老院火锅）。这家餐厅以其精致的铜锅涮肉火锅而闻名，提供了一种独特的用餐体验。
>
> 　　　　　地址：北京市东城区崇文门内大街 288 号（靠近东单地铁站）
>
> 　　　　　菜单特色：这家餐厅主打铜锅涮肉火锅，提供各种不同的羊肉、牛肉和海鲜，以及各种蘸料和调味品。他们的涮肉底料和汤底都非常美味，为食客带来独特的口味体验。
>
> 　　　　　用餐环境：餐厅通常提供宽敞、舒适的用餐环境，适合家庭聚会、朋友聚会和特殊场合。
>
> 　　　　　服务和品质：服务通常专业而周到，服务员会帮助你设置火锅，并为你提供食材和烹饪的建议，食材的质量也通常很高，保证了舒适、美味的用餐体验。
>
> 　　　　　价格：与高品质的涮肉火锅相匹配，价格通常较高，但物有所值。
>
> 　　　　　请注意，由于餐厅的经营情况和地址可能会发生变化，建议在前往之前查看最新的评价和地址信息，以确保你能找到古铜老院铜锅涮肉餐厅，并享受他们美味的涮肉火锅。

　　这个提示词非常具体，包含关键词，并提供了有关位置和餐厅类型的信息，ChatGPT 能够准确地理解用户的需求并给出清晰的回答。

3.3.2　语言简洁

　　简洁明了的提示词更容易让 ChatGPT 理解并给出准确的回答，而冗长且信息不明确的提示词则可能导致 ChatGPT 给出模糊的回答。因此，为了与 ChatGPT 进行有效的对话，我们应该尽量使用简洁的提示词来表达我们的需求。

> 🔟 **简洁的提示词：** 明天北京的天气预报。

> ⑯ **ChatGPT：** 明天北京的天气预报是多云，最高温度为25摄氏度，无降雨预报。

在这个例子中，提示词"天气预报"非常简洁明了，ChatGPT 能够根据该提示词提供准确的回答，给出第二天的天气情况，包括天气状况、最高温度和降水情况。

> 🔟 **不简洁的提示词：**
> 我想知道我家附近未来几天的天气状况，包括气温、降水和阳光情况。

> ⑯ **ChatGPT：** 未来几天的天气会有所变化，可能会有雨或阳光，气温也会有所波动。

在这个例子中，提示词过于冗长，包含了很多细节，而且信息表述不明确。ChatGPT 对这个模糊的提示词给出了一个笼统的回答，没有提供具体的天气信息，也没有明确给出未来几天的气温、降水和阳光情况。

3.3.3　背景详尽

如同了解以往病史后医生能更好地诊断病人的病情，提供详尽的背景信息会帮助 ChatGPT 生成相关性更高的答案。对于需要特定背景信息的问题，我们应该在提问时提供足够多的背景信息，如时间、地点、人物等。

> 🔟 **背景详尽的提示词：**
> 在2020年奥林匹克运动会上，中国体操选手获得的金牌总数是多少？

> ⑯ **ChatGPT：** 在2020年的东京奥运会上，中国体操选手获得了3枚金牌。以下是中国体操选手在各个项目中获得的金牌数量：
> 竞技体操男子吊环，刘洋夺金。
> 竞技体操男子双杠，邹敬园夺金。
> 竞技体操女子平衡木，管晨辰夺金。
> 以上是中国体操选手在2020年东京奥运会上获得的金牌。请注意，这些信息基于2020年奥运会的官方数据，但如果有任何变动或更新，建

议您查阅奥运会官方网站或可靠的体育媒体获取最新的结果。

这个提示词提供了时间和场景等关键背景信息，涉及具体的数字，使 ChatGPT 可以清楚地理解问题并给出准确的答案。

> **背景不详尽的提示词：**
> 谁赢得了比赛？

> **ChatGPT：** 我很抱歉，我无法提供特定比赛的结果，我无法访问实时的体育比赛结果。建议您使用体育新闻网站、体育新闻应用程序或搜索引擎来获取您感兴趣的特定比赛的最新结果。这些资源通常会提供您所需的具体信息。

这个提示词并没有提供足够的背景信息，缺乏时间、地点和比赛项目等关键信息，因此 ChatGPT 无法理解问题的具体含义。

3.3.4　主题聚焦

主题聚焦，即确保我们提出的问题具有特定的主题或方向，我们应该尽可能针对特定、具体的主题来提出问题，而不应该让问题涉及太广泛的范围，同时应该避免将多个主题包含在一个问题中。

> **主题聚焦的提示词：**
> 华为 MateBook 14s 笔记本电脑的 CPU 是什么型号？

> **ChatGPT：** 华为 MateBook 14s 笔记本电脑的 CPU 型号根据您购买的具体配置而定。常见的配置中，它可能搭载了英特尔第 13 代酷睿处理器，例如 i5-13500H、i7-13700H、i9-13900H，具体的 CPU 型号可能因地区和配置而有所不同。

这个提示词侧重于笔记本电脑的 CPU 型号，这是一个具体、明确的主题。ChatGPT 可以快速理解并给出准确的回答。

> **主题不聚焦的提示词：**
> 华为 MateBook 14s 笔记本电脑的 CPU 怎么样？它的键盘质量如何？它的屏幕大小是多少？它的价格是多少？使用感受怎样？

> **ChatGPT:** 华为 MateBook 14s 笔记本电脑的 CPU 性能较为出色，键盘质量很好，屏幕大小适中，价格根据不同的配置而有所变化，使用感受也因个人需求而异。

在这个例子中，提示词包含了多个主题，而且每个主题都不够具体明确。ChatGPT 给出了一个模糊的回答，没有提供具体的 CPU 型号、键盘质量、屏幕大小、价格范围或具体的使用感受。这是因为提示词过于冗长，信息表述不明确，使得 ChatGPT 难以给出准确和详细的回答。要得到更准确的回答，应该尽量聚焦在一个主题上，使用简洁明了的提示词来提问。比如，可以分开提问关于 CPU、键盘、屏幕、价格和使用感受的问题，这样能够得到更具体和详细的回答。

3.3.5　反馈及修改

如果 ChatGPT 给出的回答不是我们期望的回答，我们应该向 ChatGPT 提供反馈并对提示词进行修改，以便 ChatGPT 能够重新解析问题并给出准确的回答。我们可以尝试修改提示词中的关键词，更好地表达我们的意图，如果回答仍然不够准确或不满足我们的需求，我们还可以进一步追问或细化问题，以使 ChatGPT 能够理解我们的需求。

> **提示词:** 我想买一本关于烘焙的书，但是我不知道哪一本适合我，你有什么建议吗？

> **ChatGPT:** 这里有一份畅销书的列表，其中包括一些非常受欢迎的烘焙书籍，它们在烘焙领域具有很高的评价和口碑，或许您会喜欢。如果您想获得更具体的建议，您可以给出一些您找书时的具体需求和背景信息。
>
> 《面包学》(作者：竹谷光司)：这本书是由日本面包业的泰斗竹谷光司所著，被认为是正宗、清晰的面包理论和制作经典之作。这本书已经再版 31 次，长时间畅销已达 39 年之久，被誉为日本面包师入行必备的高级教科书。阅读这本书就等于学习了日本顶级面包学校的入学课程，系统地掌握了面包制作的精髓。
>
> 《面包发酵的科学：鲁邦种理论与实操专著》(作者：托马斯·特福里-尚布兰)：这本书为烘焙爱好者提供了深入了解面包发酵过程的机会，其中包括 87 个理论知识点、59 个面包制作要点的图文详解及 35 种面包配方。特福里-尚布兰以他深厚的自然发酵知识为基础，先深入探讨了发酵理论，然后通过理论的引导，帮助读者将知识付诸实践。这本书的手感

和理论相得益彰，为学习烘焙的过程提供了一种更加深入和全面的方法，使面包制作变得更加得心应手。

《学徒面包师》（作者：彼得·莱因哈特）：这本书为我们带来了经典面包烘焙的十二个关键步骤，并以非常清晰的方式进行了解释，辅以100多张逐步分解的照片，使读者更容易理解。在书中学习50个全新的经典面包食谱之后，你将会在烘焙领域获得崭新的知识和技能。这些食谱包括了各种令人垂涎的面包，如外脆内软的夏巴达、温暖宜人的法式乡村面包、经典的纽约面包圈，以及彼得·莱因哈特版本的传统老式面包。该书以最原汁原味的方式呈现食物的魅力，通过充满激情地传授烘焙技巧，激发读者的热情。最终，你的回报将是在阳光下制作出最美味的面包，将满满的爱和关怀送给自己和亲友。

《蛋糕圣经》（作者：罗丝·利维·贝兰堡）：这本书的作者是罗丝·利维·贝兰堡，它被认为是蛋糕烘焙领域的经典之作，已经连续26年畅销，重印了5次。这本书曾荣获国际烹饪专业协会颁发的烹饪书籍奖，以及詹姆斯·比尔德最有用书籍奖。它不仅提供了超过200种蛋糕配方，还对美国的烘焙方式产生了深远的影响，被认为是烘焙界的经典之一。

🔟 用户反馈提示词：

谢谢你的书单，但我想找深入介绍各种烘焙技能和方法，适合有基础且想进一步提高烘焙技能的读者的书。能否推荐一本这样的书？

---

⑥ ChatGPT： 非常抱歉之前的回答未能满足您的需求。以下是一本深入介绍各种烘焙技能和方法的烘焙书籍。

《烘焙圣经》（作者：罗丝·利维·贝兰堡）：这本书是一本非常全面的烘焙指南，详细介绍了各种烘焙技巧和方法，包括面团制作、发酵、烤箱控制、糕点装饰等。书中配有清晰的步骤说明和图片，适合那些想要进一步提升烘焙技能的读者。

希望这本书能满足您的需求，并帮助您进一步掌握烘焙技巧！

在用户提出更具体的需求后，ChatGPT使用其反馈技巧来重新解析问题，并给出更适合用户需求的书籍。这显示了反馈和修改技巧在帮助ChatGPT更好地理解用户需求，以便提供更准确的回答方面的作用。

⚠ 温馨提示　使用 ChatGPT 时要明智、负责任地使用其生成的内容。确保您的提示词和使用场景符合相关的法律、伦理和道德准则，并避免传播虚假信息、仇恨言

论，避免使用或强调具有潜在偏见、歧视或不当内容的示例，这有助于确保ChatGPT 的回答是公正的、中立的。

本章小结

通过本章的学习，读者能够掌握ChatGPT对话页面的功能，并学会使用提示词来与ChatGPT进行对话，从而得到理想的答案。本章中没有全面详尽地讲述ChatGPT提示词的使用技巧，对此感兴趣的读者，建议查阅相关资料以进行更深入的了解。

## 第 4 章

用 ChatGPT 生成文章

本章导读

　　本章将进阶学习如何利用 ChatGPT 生成文章。4.1 节将介绍 ChatGPT 文章生成的技术原理，包括语料库的概念、模型架构、训练模型及生成文本的过程，了解这些基本原理将为后续的学习奠定基础。4.2 节将介绍一系列文章生成的方法，包括单轮对话、多轮对话、文章摘要生成及创作助手等，这些方法旨在通过不同的交互方式和处理流程，有效地生成符合需求的文章内容。4.3 节详细阐述了文章生成的策略，包括上下文理解、内容创作、语言风格模仿、细节补充及逻辑连贯性等方面，这些策略共同构成了文章生成的完整框架，保证了生成内容的准确性和可读性。4.4 节将通过实际示例来应用前面讲到的知识和操作技巧，以写工作总结、写小说、写诗歌和写文案为例，展示如何灵活运用 ChatGPT 生成不同类型的文章。

　　通过本章的学习，读者将掌握利用 ChatGPT 生成文章的方法，充分发挥 ChatGPT 的创作潜能，生成具有高质量和价值的文章。

4.1　文章的生成原理

　　ChatGPT 生成文章使用语料库的数据作为训练基础，使用 GPT 模型架构进行预训练和微调，通过预测下一个单词或字符的概率分布来生成文本，利用已学到的知识和上下文信息生成连贯的响应。下面详细介绍几个主要技术原理。

4.1.1　语料库

　　ChatGPT 生成文章依赖于大规模、多样化的语料库数据。语料库是模型训练的基础，提供了丰富的文本内容及不同领域和主题的语言表达形式。以下是 ChatGPT 使用的语料库的一些相关情况。

（1）数据来源：ChatGPT 的语料库数据来源于互联网上的各种文本资源，包括网页、新闻文章、社交媒体帖子、电子书、论文和其他在线内容。这些数据来自不同的网站和领域，涵盖了广泛的主题和语言风格。

（2）数据规模：ChatGPT 的语料库规模是非常大的，包含了数十亿甚至上百亿个单词级别的文本数据。这样的规模使得模型能够学习到更全面和广泛的语言知识，并提供更丰富的语言生成能力。

（3）数据预处理：在使用语料库数据进行训练之前，通常需要进行一些预处理步骤，包括分词、清理和过滤不需要的标记符号、删除重复内容等。预处理确保输入数据的一致性和可处理性，使模型能够更好地理解和学习语言模式。

（4）数据质量：语料库的质量对模型的训练和生成结果至关重要。ChatGPT 的语料库经过了精心的筛选和处理，以确保数据的质量和可靠性。不过，数据质量方面仍然存在一些挑战，如数据中可能存在的错误、噪声、偏见或不准确性。为了尽可能减少这些问题的影响，训练数据通常会经过人工的和自动的质量控制过程。

综上所述，ChatGPT 使用的语料库是来自互联网的大规模、多样化的文本数据，经过预处理和质量控制，为模型提供了丰富的语言知识和语境，以支持模型生成准确、连贯和多样化的文章。

4.1.2 模型架构

模型架构是 ChatGPT 生成文章的一个关键方面。下面将详细讲解模型架构的相关知识，并强调模型架构与 ChatGPT 文章生成的关系和必要性。

（1）Transformer 架构：ChatGPT 采用了 Transformer 架构，这是一种基于自注意力机制的神经网络架构。它由编码器和解码器组成，分别用于处理输入和生成输出。Transformer 架构的自注意力机制允许模型在处理序列时准确地捕捉长距离依赖关系，而不受传统循环神经网络的限制。这使得 ChatGPT 能够对输入的上下文进行建模，并生成连贯、流畅的文章响应。

（2）自注意力机制：Transformer 架构中的自注意力机制是模型理解和处理序列数据的关键部分。通过自注意力机制，模型可以对输入序列的不同位置进行加权关注，从而捕捉到输入中不同位置的重要信息和上下文关系。这种全局上下文的考虑使 ChatGPT 能够生成更准确、连贯的文章，因为它能够综合考虑输入中的相关信息。

（3）预训练和微调：ChatGPT 生成文章的能力是通过两个阶段的训练实现的。

在预训练阶段，模型使用大规模的语料库数据进行自监督学习。通过预训练，模型学习了广泛的语言知识和语义结构，并具备了一定的语言理解能力。在微调阶段，模型使用特定任务的数据集进行有监督训练，以使其在生成文章等具体任务上更加准确和可控。

（4）模型架构与 ChatGPT 文章生成的关系和必要性：模型架构直接影响着 ChatGPT 生成文章的质量和能力。Transformer 架构以其自注意力机制和上下文建模的能力，为 ChatGPT 提供了强大的语言生成能力。通过预训练和微调，模型能够从大规模语料库中学习语言的统计规律和上下文关系，从而生成具有准确性和连贯性的文章。模型架构的设计和优化使 ChatGPT 能够应对不同的语言任务，并在生成文章方面表现出卓越的性能。

综上所述，模型架构对 ChatGPT 生成文章起着重要作用。Transformer 架构的自注意力机制和上下文建模能力，使得 ChatGPT 能够理解输入的上下文信息，并生成准确、连贯的文章响应。

4.1.3　训练模型

下面对训练模型架构进行详细解析，包括与 ChatGPT 文章生成的关系和必要性。

（1）预训练阶段：ChatGPT 使用大规模的语料库数据进行预训练。在预训练过程中，模型通过自监督学习来学习语言的统计规律和上下文关系。这意味着模型尝试预测序列中的下一个词或掩码，以学习单词之间的关联性和句子的结构。预训练的目的是使模型获得广泛的语言知识和理解能力，为生成文章提供丰富的基础。

（2）模型架构与预训练：模型架构在预训练阶段发挥着关键作用。Transformer 架构中的自注意力机制和上下文建模能力使得 ChatGPT 能够从大规模语料库中捕捉到丰富的语言结构和语义信息。模型架构的设计使得 ChatGPT 能够对输入的上下文进行全局理解和建模，从而生成连贯、语义准确的文章。

（3）微调阶段：在预训练之后，ChatGPT 进入微调阶段。在这个阶段，模型使用特定任务的数据集进行有监督训练，以提高在生成文章等具体任务上的性能。通过微调，模型能够更好地适应特定的应用场景和任务需求，生成更准确、相关的文章响应。微调的目的是通过在具体任务上进行优化，提升模型在文章生成方面的表现。

（4）模型架构与文章生成的必要性：模型架构的选择和设计是生成高质量文

章的关键因素。Transformer架构的自注意力机制和上下文建模能力使得ChatGPT能够对输入的上下文信息进行理解和建模，并生成具有连贯性和语义准确性的文章。模型架构的复杂性和参数规模提供了足够的容量和学习能力，使得模型能够处理复杂的语言任务和生成高质量的文章响应。

综上所述，训练模型架构作为ChatGPT生成文章的原理之一，通过预训练和微调，使模型能够学习语言的统计规律和上下文关系，从而具备语言理解和文章生成的能力。模型架构的选择和设计是实现高质量文章生成的必要条件，而Transformer架构的自注意力机制和上下文建模能力使得ChatGPT能够生成准确、连贯的文章。

作为ChatGPT生成文章的原理之一，通过预训练和微调阶段，使模型具备了语言理解和生成文章的能力。模型架构的设计和训练策略是确保ChatGPT生成准确、连贯文章的关键，为其成功应对文章生成任务提供了必要的基础。

4.1.4　文本生成

当讨论ChatGPT生成文章的原理时，文本生成是其中一个重要方面。以下是对文本生成的详细解析，包括文本生成与ChatGPT文章生成的关系和必要性。

（1）语言模型：ChatGPT基于语言模型进行文章生成。语言模型是一种统计模型，用于预测下一个词或字符在给定上下文中的概率分布。ChatGPT通过预测下一个词来生成文章，并使用概率分布来确定生成序列的流畅度和准确性。语言模型的训练使ChatGPT能够学习到语言的统计规律和潜在的语义结构，从而生成连贯的文章。

（2）上下文建模：ChatGPT通过建模输入的上下文来生成文章。模型会利用前面的文本信息，通过对上下文进行编码，捕捉上下文中的语义和语境。这使得模型能够理解输入的背景和上下文，并根据上下文生成相关的文章响应。上下文建模是确保生成文章与输入相关并具有连贯性的关键步骤。

（3）创造性和多样性：ChatGPT的文本生成能力不仅是基于输入的重复和复制，还包括一定的创造性和多样性。模型具备从语料库中学习到的语言知识，并能够在生成文章时进行创造性组合和变换。这使得ChatGPT能够生成独特、多样的文章响应，具有更富有创意和丰富性的文本生成能力。

（4）文本生成与文章生成的关系和必要性：文本生成是实现ChatGPT文章生成的核心机制。通过对输入上下文的建模和预测下一个词的概率分布，模型能够生成与输入相关的连贯文章。文本生成不仅是简单地复制输入或生成预训练数据中已见过的句子，还会根据上下文进行有创造性和多样性的组合和变换。这种能力使得ChatGPT能够生成独特、相关的文章响应，为用户提供个性化的、有意义的回答。

综上所述，文本生成作为ChatGPT生成文章的原理之一，是通过语言模型和上下文建模实现的。文本生成能力使得ChatGPT能够根据输入的上下文生成连贯、有创造性和多样性的文章响应，从而提供个性化且富有意义的文本生成体验。

4.2　文章的生成方法

ChatGPT生成文章的方法具有灵活性和多样性。ChatGPT通过单轮对话、多轮对话、文章摘要和创作助手等方法，根据用户的需求和特定场景，利用自然语言处理能力和语言模型，能够生成高质量、有价值的文章，满足用户的需求，提供更丰富的创作和交流体验。

4.2.1　单轮对话

在ChatGPT中，单轮对话是一种常见的生成文章的方法。在这种方法中，用户提供一个问题或主题，ChatGPT生成与之相关的文章作为回答或解释。具体方法如下。

（1）用户提供问题或主题：用户以自然语言形式提出问题或主题，可以是一个完整的句子或短语。问题或主题可以是关于任何领域的，涉及特定知识、事实、观点等。

（2）输入传递给ChatGPT：用户的问题或主题作为输入传递给ChatGPT模型。模型接收到用户输入后，进行处理和分析。

（3）模型生成文章回答：ChatGPT模型根据用户的问题或主题，运用其训练所得的语言模式和知识，生成相应的文章回答。模型会考虑语法、上下文和相关的知识，生成一段连贯、准确、有关联的文章回答。

以下是单轮对话生成文章的示例。

> 🔟 提示词：　　　请解释一下相对论的基本原理。

> ⑤ ChatGPT：　　　相对论是由爱因斯坦提出的物理理论，它描述了时间、空间和物质

的相互关系。相对论包括狭义相对论和广义相对论两个方面。狭义相对论主要研究在相对运动的惯性参考系中，时间和空间的相对性，提出了著名的时间膨胀和长度收缩等概念。而广义相对论则进一步将引力纳入了相对论框架，提出了引力场的几何描述和时空弯曲的概念。总的来说，相对论在解释运动、引力和能量等方面有着重要的应用，对现代物理学和宇宙学的发展产生了深远的影响。

在这个示例中，用户提出了一个问题，请求解释相对论的基本原理。ChatGPT模型根据问题进行处理和分析，生成了一段详细而准确的文章回答，涵盖了相对论的基本概念、狭义相对论和广义相对论的主要内容。

4.2.2 多轮对话

在ChatGPT中，多轮对话是一种生成文章的方法，允许用户与模型进行连续的对话交互，并逐步生成文章。这种方法涉及多个对话轮次，其中每一轮用户提供问题或对话内容，ChatGPT生成相应的文章回答。以下是对多轮对话生成文章的方法的更加翔实和具体的描述，包括步骤和示例。

（1）用户提供问题或对话内容：用户在第一轮对话中提供一个问题或对话内容，以启动对话交互。问题或对话内容可以是关于特定主题的，也可以是用户的需求或指示。

（2）ChatGPT生成文章回答：ChatGPT模型接收用户的问题或对话内容，并生成一段文章回答。生成的文章回答可能包含对问题的解答、观点的阐述或相关知识的提供。

（3）用户提供进一步的对话内容：用户在第二轮对话中提供进一步的问题、追问或对话内容，以回应上一轮的文章回答。用户可以就之前的回答进行追问、澄清或提出新的问题。

（4）ChatGPT生成进一步的文章回答：ChatGPT模型接收到用户的新的对话内容，并生成进一步的文章回答。生成的文章回答根据用户的对话内容进行针对性的回应，继续延伸和拓展对话的内容。

具体示例如下。

🔟 **第一轮提示词：请解释一下相对论的基本原理。**

ChatGPT：　　相对论是由阿尔伯特·爱因斯坦于20世纪初提出的一套物理理论，它描述了时间、空间和引力的行为，同时也改变了我们对物理世界的理解。相对论包括狭义相对论和广义相对论两个部分。

狭义相对论是相对论的基础，其中最重要的原理是光速不变原理和等效原理。

1. 光速不变原理：无论处于何种参考系中，光在真空中的传播速度都是恒定不变的，即光速是一个绝对常数，约为每秒300,000千米。这意味着无论观察者的运动状态如何，他们都会测量到光的传播速度为同样的数值。

2. 等效原理：等效原理由两个部分组成。一部分是惯性质量与引力质量等效，即物体的质量既决定了它的惯性（惯性质量），也决定了它与引力的相互作用（引力质量）。另一部分是自由下落体与处于惯性运动的观察者等效，即在重力场中自由下落的物体的运动方式与处于重力场外部且没有受到力的观察者的运动方式是相同的。

广义相对论是狭义相对论的扩展，它引入了引力的几何描述。广义相对论的基本原理包括以下几点。

1. 等效原理的推广：广义相对论将等效原理推广到曲率时空中，即质量和能量的分布使时空发生弯曲。

2. 时空曲率：广义相对论认为质量和能量会扭曲时空，使之呈现曲率。物体在曲率时空中的运动路径不再是直线，而是沿着曲率线前进。

3. 弯曲时空与引力：广义相对论认为引力是由物体在弯曲时空中的运动而产生的，而不是受到某种力的直接作用。物体沿着弯曲的时空路径运动，让我们产生了引力的感觉。

相对论的基本原理推翻了牛顿力学的某些观念，如绝对时空和绝对时间，提供了一种更准确的描述宇宙的框架。它的理论预测在高速运动、强引力和宇宙的起源等领域有重要应用，并得到了实验证据的支持。

第二轮提示词： 狭义相对论中的时间膨胀是什么意思？

ChatGPT：　　狭义相对论中的时间膨胀是指当物体相对于另一个物体以接近光速的速度运动时，它们之间的时间流逝速度会有所不同。具体来说，运动物体的时间会相对于静止物体的时间变慢。

根据狭义相对论，时间和空间是相互关联的，构成了时空的统一。当物体以接近光速的速度运动时，它们会进入一个相对静止物体来说更快的参考系。在这个参考系中，运动物体的时间流逝速度相对较慢。

> 这一效应被称为时间膨胀。它意味着对于处于相对静止的观察者来说，以高速运动的物体的时间会慢于自己的时间。也就是说，当两个物体相对运动时，一个物体的时间似乎比另一个物体的时间更慢。
>
> 这种时间膨胀效应已经通过大量的实验证据得到了确认。例如，对飞行速度非常高的粒子进行实验观测时，它们的寿命会相对于静止参考系中粒子的寿命延长。这与狭义相对论中的时间膨胀效应相符。
>
> 时间膨胀是狭义相对论中的一个重要结果，它揭示了时间的相对性和运动对时间流逝的影响，挑战了牛顿力学中绝对时间的观念。这个概念在理解高速运动下的物理现象和导航系统中的时钟校准等方面具有重要的应用。

在这个示例中，用户先提出一个问题，询问相对论的基本原理。ChatGPT生成了一段文章回答，涵盖了相对论的基本概念。然后，用户在第二轮对话中提出了一个关于狭义相对论的问题，询问时间膨胀的含义。ChatGPT根据用户的问题进一步生成了一段文章回答，解释了时间膨胀的概念和相对论中的时间变化。这个多轮对话的过程可以使用户逐步获取更深入和详细的文章内容。

4.2.3　文章摘要生成

ChatGPT生成文章的方法之一是文章摘要生成，当用户提供一段文章摘要作为输入时，ChatGPT可以生成一篇完整的文章，文章中包含了摘要中提到的主要内容和要点。下面对文章摘要生成进行更加详细和具体的描述，并提供一个示例。

（1）输入摘要：用户提供一段简短的文章摘要作为输入，该摘要概括了用户希望生成文章的核心内容和关键要点。摘要通常是一个或多个句子，用于提供文章的总体概述。

（2）文章生成：ChatGPT根据用户提供的摘要，生成一篇完整的文章。ChatGPT利用其强大的语言模型和对大规模语料库的学习，通过自动填充、推理和创造性的生成来构建文章的内容。

（3）内容展开：ChatGPT根据摘要中提到的主题和要点，逐步展开文章的各个部分，并补充相关信息和细节。模型利用其理解和分析文本的能力，生成连贯的句子和段落，以确保文章的逻辑性和一致性。

（4）文章结构和风格：ChatGPT会参考摘要和其他类似文本的样本，模仿特定领域的文章结构和写作风格。ChatGPT会尽量使生成的文章符合预期的写作风格和专业领域的要求，以使其更加准确和可信。

示例如下。

> 🔟 **提示词：**　　　一项新的研究发现，适量饮用咖啡与减少患心脏病的风险有关。

> ⑤ **ChatGPT：**　　　适量饮用咖啡是一个备受关注的健康话题。最新的研究显示，每天饮用一到两杯咖啡可以降低患心脏病的风险。研究人员对数千名参与者进行了调查，并发现适度的咖啡摄入与心脏病发病率的降低相关联。这一发现引起了医学界的广泛关注。
>
> 研究人员进一步解释说，咖啡中的抗氧化剂和其他化学物质可能对心血管健康有益。然而，需要注意的是，过量饮用咖啡可能会逆转这种保护效果。因此，研究人员建议人们保持适量饮用咖啡的习惯，并结合均衡的饮食和适量的运动，以维持良好的心脏健康。

在这个示例中，用户提供了一段关于咖啡和心脏健康的文章摘要，ChatGPT根据摘要生成了一篇完整的文章，涵盖了适量饮用咖啡与心脏病风险的关系、研究结果、抗氧化剂的作用及保持适量饮用的建议。生成的文章具有一定的连贯性和可读性。

4.2.4　创作助手

创作助手可以为创作者提供帮助和灵感，辅助他们在写作过程中生成文章内容。下面对创作助手进行更加翔实和具体的描述，包括步骤和示例。

（1）提供初始信息：用户向ChatGPT提供一些初始信息，如主题、关键词、大纲或创作要求等。这些信息可以帮助ChatGPT了解创作的背景和需求，以便生成相关的文章内容。

（2）生成文章段落：ChatGPT根据用户提供的初始信息，生成文章的初始段落。生成的段落可以包含对主题的介绍、相关观点、背景知识或其他相关内容。

（3）探索创意和发展思路：用户与ChatGPT进行交互，通过对话形式探索创意和发展思路。用户可以提出问题、要求进一步解释、寻求建议或引导ChatGPT在特定方向上生成内容。

（4）继续迭代生成文章：ChatGPT根据用户的交互和反馈，逐步生成文章的后续段落。这个过程可以通过多轮对话的方式进行，模型根据用户的指示和需求生成内容，直到达到用户的预期结果。

示例如下。

---

⑩ 用户提供初始提示词：

　　我正在写一篇关于太阳能的文章，需要一些关于太阳能发电原理和应用的内容。

---

⑤ ChatGPT：　　太阳能是一种可再生能源，通过利用太阳辐射的能量进行发电。太阳能发电原理基于光伏效应，当光子击中光伏电池表面时，会激发电子运动形成电流。太阳能广泛应用于家庭和工业领域，如太阳能电池板用于房屋的电力供应，太阳能热水器用于热水供应等。

　　太阳能是一种可再生能源，利用太阳辐射中的能量来产生电力。以下是太阳能发电的基本原理和一些应用方面的内容。

　　太阳能发电原理：太阳能发电将太阳辐射中的光能转化为电能。主要原理如下。

　　光伏效应：光伏电池利用光的粒子性质，光子击中光伏电池表面的半导体材料时，光子的能量会释放出电子，并产生电压和电流。

　　半导体材料：光伏电池通常使用硅等半导体材料，它们能够将光能转化为电能。

　　太阳能发电的应用包括以下几个方面。

　　太阳能光伏电站：大规模利用太阳能发电的光伏电站已经在全球范围内建设。它们通常由成千上万个太阳能电池板组成，可以提供大量的电力供应。

　　太阳能热能发电：太阳能热能发电利用太阳能的热量来产生蒸汽，驱动涡轮机或发电机以产生电力。

　　分布式太阳能系统：太阳能电池板可以安装在房屋、建筑物或其他结构上，用于分布式发电。这些系统可以满足个人家庭或商业建筑的电力需求，并可以将多余的电能回馈电网。

　　太阳能移动设备充电：太阳能电池板可以用于为移动设备充电，如手机、笔记本电脑、无人机等，特别适合在户外和偏远地区使用。

　　太阳能发电具有无污染、可再生的特点，对环境友好，并且能够减少对传统能源的依赖。随着技术的发展和成本的降低，太阳能发电在世界各地得到广泛应用，并为可持续能源转型做出了重要贡献。

---

⑩ 用户追加提示词：

　　光伏效应是如何发生的？

ChatGPT:　光伏效应是太阳能发电的基本原理之一，它是指光子与半导体材料相互作用时所引起的电荷分离现象。以下是光伏效应的发生过程。

材料特性：光伏效应主要发生在具有半导体特性的材料上，如硅（Si）等。半导体材料的原子结构中含有四个价电子，形成了一个价带和一个导带之间的能隙。

光子的吸收：当太阳光照射到光伏电池表面时，光子（光的粒子）携带着能量。光子的能量与其频率（或波长）相关，根据普朗克关系 $E = hf$（其中 E 是光子的能量，h 是普朗克常数，f 是光子的频率），高能量的光子对应着高频率的光。

电荷分离：当光子被吸收后，其能量被传递给半导体材料中的电子。高能量的光子会将某个原子中的一个价电子激发到导带，从而形成一个自由电子—空穴对。自由电子是带负电荷的，而空穴则是带正电荷的。

电流产生：自由电子和空穴的产生导致了半导体材料内部的电荷分离。由于半导体材料的结构形成了一个电场，使得自由电子朝一个方向移动，而空穴朝相反的方向移动。移动的电荷产生了电流。

外部电路：在光伏电池中，一个外部电路会连接电池的正极和负极。当电子和空穴在内部分离后，它们会在外部电路中流动，形成电流。这个电流可以用于驱动电子设备、为电池充电等。

总的来说，光伏效应是光子与半导体材料相互作用，将光的能量转化为电能。这种电荷分离产生的电流可以被利用，从而实现太阳能发电。光伏效应的实现基于半导体材料的特性及光子的能量传递机制。

在这个示例中，用户提供了关于太阳能的主题和需求，ChatGPT 根据这些信息生成了关于太阳能发电原理和应用的初始段落。用户进一步提问，引导 ChatGPT 生成关于光伏效应的解释。这样的交互过程可以帮助创作者获取创作灵感，拓展文章的思路，并得到模型生成的相关内容。

4.3　文章的生成策略

ChatGPT 生成文章的策略包括上下文理解、内容创作、语言风格模仿、细节补充和逻辑连贯性。它能够根据上下文信息生成连贯的文章，创作新的内容，适应不同的语言风格，补充丰富的细节，并保持逻辑性和连贯性。这些策略的综合应用使得 ChatGPT 能够生成高质量、有价值的文章，满足用户的需求，并提供丰富的阅读体验。

4.3.1 上下文理解

ChatGPT生成文章的策略之一是上下文理解，指的是模型在生成文章时能够理解前文或对话的语义和逻辑关系，以确保所生成的内容与前文保持一致和连贯。

具体来说，ChatGPT通过分析前文中的语句、句子结构和上下文信息来理解输入的语境，包括前文提到的主题、关键词、已经建立的论点或前提条件等。模型会考虑这些上下文信息，并据此生成新的句子和段落。

举个例子，假设本例的上文是关于健康饮食的讨论。

> 🔟 **提示词：** 我想知道哪些食物有助于增强免疫系统的功能。

> ⑤ **ChatGPT：** 有一些食物被认为对增强免疫系统功能具有积极影响。以下是一些被认为有助于增强免疫系统功能的食物。
>
> 柑橘类水果：柑橘类水果如橙子、柠檬、葡萄柚等富含维生素C，这是一种强效的抗氧化剂，可以帮助提高免疫系统的功能。
>
> 蔬菜：深绿色蔬菜（如菠菜、羽衣甘蓝）和橙色蔬菜（如胡萝卜、南瓜）富含抗氧化物质、维生素和矿物质，有助于增强免疫系统功能。
>
> 坚果和种子：坚果（如杏仁、核桃）和种子（如亚麻籽、南瓜子）富含健康的脂肪、维生素和抗氧化物质，有助于支持免疫系统的正常功能。
>
> 鱼类：富含Omega-3脂肪酸的鱼类（如三文鱼、鳕鱼）具有抗炎作用，可以支持免疫系统的健康。
>
> 姜和大蒜：姜和大蒜被认为具有抗炎和抗菌特性，可以帮助增强免疫系统的功能。
>
> 发酵食品：发酵食品如酸奶、酸菜、纳豆等富含益生菌，有助于维持肠道健康，进而增强免疫系统的功能。
>
> 草莓和蓝莓：草莓和蓝莓富含抗氧化剂和维生素C，对免疫系统有益。
>
> 绿茶：绿茶富含抗氧化剂和多种营养物质，具有抗炎和抗菌的特性，有助于增强免疫功能。

在这个例子中，ChatGPT根据用户的提问和前文中关于健康饮食的讨论，正确地理解了用户的意图，并在回答中提到了食物对免疫系统的益处。这种上下文理解使得ChatGPT能够在生成文章时考虑到先前的内容，从而使得回答更加连贯和准确。通过上下文理解，ChatGPT能够生成与前文一致的文章，使得整个对话或文章具有流畅性和连贯性，并能更好地满足用户的需求。

4.3.2　内容创作

　　ChatGPT生成文章的策略之一是内容创作，这意味着ChatGPT能够创造性地生成文章内容，而不仅仅是简单地复制和粘贴已有的信息。具体来说，ChatGPT能够通过结合已有的语言知识和在大规模语料库中的训练，生成新颖、有逻辑的句子和段落。它可以根据输入的指导和上下文，创造性地组织和表达文章的内容。

　　举个例子，假设用户提出以下问题。

> 🔟 **提示词：** 请为我写一篇关于太阳系的文章。

> ⑤ **ChatGPT：** 太阳系是一个庞大而神秘的天体系统，它由太阳、八大行星、众多卫星和小行星组成。每个行星都有独有的特征和轨道，形成了复杂的相互关系。在太阳系中，太阳是中心，它以巨大的引力束缚着其他天体，并为它们提供光和热能。
>
> 标题：
>
> 探索太阳系：宇宙中的奇妙之旅
>
> 引言：
>
> 太阳系是我们所在的家园，是一个广阔而神秘的宇宙领域。它由太阳、八大行星、无数的卫星、小行星、彗星和星际尘埃组成。本文将带您踏上一段令人兴奋的太阳系探索之旅，深入了解这些天体的奇妙之处。
>
> 太阳：太阳是太阳系的中心和最大的天体。它是一个巨大的恒星，通过核聚变将氢转化为氦，并释放出能量和光线。太阳的引力影响着太阳系中其他天体的运动。
>
> 行星：太阳系中的行星分为内行星和外行星两个类别。内行星包括水金地火，即水星、金星、地球和火星。它们主要由岩石和金属构成，表面特征各不相同。外行星则包括木星、土星、天王星和海王星，它们主要由气体和冰组成，并且体积庞大。
>
> 卫星：太阳系中的行星拥有众多的卫星。例如，地球拥有1颗卫星（月球），木星拥有至少79颗卫星，土星拥有超过80颗卫星。这些卫星具有各自独有的特征，有些可能拥有液态水或大气层。
>
> 小行星和彗星：太阳系中还存在着大量的小行星和彗星。小行星是行星的残骸，它们围绕着太阳轨道运行。最著名的小行星带位于火星和木星之间，其中最大的小行星是谷神星。彗星是冰和尘埃组成的天体。
>
> 星际尘埃和星系：太阳系中存在着大量的星际尘埃，这些微小的颗粒散布在太阳和行星之间。星际尘埃为对太阳系外部星系的研究提供了

> 宝贵的信息。
>
> 　　未来的探索：人类对太阳系的探索正在不断深入。航天器和探测器被发送到行星和卫星，以获取更多关于它们的信息。著名的探测器之一是旅行者号，它已经超越了太阳系的边界，并进入了星际空间。
>
> 　　结论：太阳系是我们的家园，它的奇妙和复杂性令人叹为观止。通过对太阳系的探索，我们能够更好地理解宇宙的起源和演化。随着技术的进步，人类将继续深入探索太阳系的奥秘，找到更多关于宇宙的惊喜。
>
> 　　注意：以上文章为模型生成的示例，仅供参考。在实际使用时，请进行适当修改和审查以符合您的需求。

　　在这个例子中，ChatGPT创造性地生成了一段关于太阳系的描述，介绍了太阳系的组成、未来的探索及结论，并使用了适当的语言表达。模型利用自身的知识和训练经验，生成了一个新的、符合逻辑的段落，而不是简单地复制已有的文章。通过内容创作，ChatGPT能够为用户提供个性化的文章内容，满足用户的需求，并展示其在文章生成方面的创造性和灵活性。

4.3.3　语言风格模仿

　　ChatGPT生成文章的策略之一是语言风格模仿，指的是模型在生成文章时能够模仿不同的语言风格和写作风格，以适应特定的领域、目标读者或特定的风格要求。

　　具体来说，ChatGPT在训练过程中接触了大量的文本数据，涵盖了各种不同的语言风格，包括正式、非正式、科技、文学等。这使得ChatGPT具备了对多种风格的理解和模仿能力。

　　举个例子，如果用户要求ChatGPT以科技风格生成文章。

🔟 **提示词：**　　请写一篇关于人工智能的科技报道。

---

⑤ **ChatGPT：**　　标题：

　　人工智能：引领科技进步的巨大潜力

　　日期：2023年6月14日

　　人工智能（Artificial Intelligence，简称AI）作为当今科技领域的热门话题，正以其令人瞩目的创新能力和巨大潜力，引领着科技进步的浪潮。近年来，人工智能技术的突飞猛进使得各行各业都受益于其应用，从自动驾驶汽车到语音助手，从医疗诊断到金融风控，无不彰显着人工智能在解决现实问题中的巨大潜力。

在医疗领域，人工智能正发挥着重要作用。根据最新研究，人工智能在医学图像分析、疾病诊断和个体化治疗方面取得了令人惊喜的成果。通过机器学习和深度学习算法，人工智能能够对大量的医学图像进行快速准确的分析，帮助医生发现疾病迹象，从而提高诊断的精确性和效率。此外，人工智能还能够根据个体的基因数据和临床特征，为患者提供个性化的治疗方案，推动医疗行业朝着精准医学的方向发展。

人工智能在交通运输领域的应用也引人注目。自动驾驶技术正逐渐成为现实，多家汽车制造商和科技公司已经推出了自动驾驶汽车的原型和试验车辆。借助传感器、计算机视觉和机器学习算法，自动驾驶汽车能够感知周围环境、做出智能决策并安全驾驶，为未来的交通系统带来了巨大的变革潜力。这不仅能够提高交通流量的效率和安全性，还能减少交通事故和环境污染。

除此之外，人工智能在金融领域的应用也受到广泛关注。基于对机器学习和大数据分析的风险评估，模型能够更准确地识别金融市场的风险，并帮助金融机构制定更有效的风险管理策略。此外，智能客服和虚拟助手的出现，使得金融服务更加智能化和个性化，为客户提供了更好的体验。

然而，人工智能也面临一些挑战和争议。随着人工智能技术的快速发展，一些人担忧其可能对人类就业产生冲击。此外，人工智能的透明度、隐私保护和伦理问题也需要被认真对待和解决。

尽管如此，人工智能作为一项革命性的技术，正在改变我们的生活和社会。在不久的将来，人工智能将进一步演进和创新，带来更多令人惊叹的应用和发展。我们期待着在各个领域看到人工智能技术的进一步发展，为人类创造更美好的未来。

在这个例子中，ChatGPT 根据用户的指导，以科技报道的语言风格生成了关于人工智能的段落。模型使用了科技领域常见的术语和表达方式，以适应目标读者的需求和期望。

通过语言风格的模仿，ChatGPT 能够生成适合特定领域、读者偏好或风格要求的文章，使得生成的内容更符合预期并与特定领域的语言风格保持一致。这提供了更多个性化和定制化的文章生成选项。

4.3.4　细节补充

ChatGPT 生成文章的策略之一是细节补充，指模型在生成文章时能够自动填充并补充细节，以增强文章的信息量和内容的完整性。具体来说，当ChatGPT接收到一个话题或一个已有的段落时，能够通过结合前文的信息和语言模型的知识，自动生成细节，填充文章中的空白或补充相关的信息。这些细节可以是相关的事实、例子、解释、描述等，以丰富文章的内容并提供更多的信息。

举个例子，假设上文是关于旅游目的地的描述。

> 🔟 **提示词：** 请写一篇关于巴黎的文章。

> ⚙ **ChatGPT：** 标题：
>
> 巴黎：浪漫之都的璀璨魅力
>
> 巴黎作为法国的首都和最著名的城市之一，以其浪漫、艺术和文化氛围而闻名于世。无论是壮丽的建筑、丰富的历史遗产，还是令人心驰神往的美食，巴黎都散发着独特的魅力，吸引着数百万游客前来探索这座城市的奇妙之处。
>
> 巴黎最著名的地标之一是埃菲尔铁塔。这座由古斯塔夫·埃菲尔设计的铁塔于1889年建成，成为巴黎的象征之一。它巍然屹立在塞纳河畔，可以纵览壮丽的城市全景。无论是白天还是夜晚，登上埃菲尔铁塔，欣赏城市的美景都是一种令人难忘的体验。
>
> 沿着塞纳河漫步是探索巴黎的一种方式。河岸两侧的美丽建筑和桥梁如诗如画，使得这座城市充满了浪漫氛围。旅行者可以选择搭乘游船，在船上欣赏巴黎的壮丽风景，从卢浮宫到圣母院，途经许多历史悠久的地标。
>
> 巴黎以其众多的博物馆和艺术画廊而闻名于世。卢浮宫是世界上最大的艺术博物馆之一，收藏了无数珍贵的艺术品，包括《蒙娜丽莎》和《维纳斯的胜利》。奥赛博物馆也是一个备受游客喜爱的地方，以其丰富的艺术和文化展览而闻名。巴黎还有许多小型博物馆和画廊，展示了从古代到现代的各种艺术形式。
>
> 对于美食爱好者来说，巴黎是一个天堂。从传统的法国餐厅到独特的咖啡馆和糕点店，巴黎提供了各种各样的美食选择。品尝一碗正宗的法式洋葱汤、品味一块香甜的法国巧克力、享受一顿精致的法式大餐，都是体验巴黎文化和烹饪艺术的绝佳方式。
>
> 巴黎还有许多迷人的街区和花园，如蒙马特区、圣日耳曼区和图利埃花园，提供了放松和休闲的场所。这些地方充满了艺术氛围、人文风情和悠闲的咖啡文化，让人流连忘返。
>
> 巴黎是一个富有活力和激情的城市，它的璀璨魅力吸引着世界各地

> 的游客。它不仅是一个文化和艺术的中心，还是一个充满活力和创新的
> 城市。无论您是第一次来到巴黎，还是再次光顾，这座城市总能给您带
> 来无尽的惊喜和美好的回忆。

在这个例子中，ChatGPT 通过细节补充为用户提供了更多关于巴黎的信息，如著名的地标、文化特点和当地美食的描述。模型自动填充了文章中的细节，使得文章更加丰富、生动，并提供了更多的背景知识和细致的描述。通过细节补充，ChatGPT 能够在生成文章时提供更多的相关信息，使得文章更加完整、详尽。这有助于满足读者对详细信息的需求，并提供更丰富的阅读体验。

4.3.5　逻辑连贯性

ChatGPT 生成文章的策略之一是逻辑连贯性，指的是 ChatGPT 在生成文章时能够保持逻辑连贯性，使得文章的内容有条理、易于理解，并能够流畅地表达思想。具体来说，ChatGPT 在生成文章时会考虑上下文的信息和语言的逻辑结构，以确保生成的句子和段落之间有一定的逻辑关系，使得整篇文章在内容上有一致性和连贯性。

举个例子，假设上文是关于环保的讨论。

🔟 **提示词：**　　　请写一篇关于可持续能源的文章。

💲 **ChatGPT：**　　　标题：

可持续能源：创造绿色未来的关键

在全球范围内，可持续能源成为引起广泛关注的话题，它代表着我们创造绿色未来的关键。在面对气候变化、能源供应安全和环境保护等全球挑战时，可持续能源提供了清洁、可再生的能源解决方案。

那么，什么是可持续能源？可持续能源是指能够以一种长期可持续的方式供应和利用的能源形式。与传统的化石燃料相比，可持续能源不会耗尽，因为它们源自自然界的再生过程。通过使用可持续能源，我们能够减少对有限化石燃料的依赖，减少对环境的负面影响，并为未来提供可持续发展的基础。

太阳能是一种重要的可持续能源形式。太阳能光伏技术将太阳光的能量转化为电能。光伏电池板可以安装在屋顶、太阳能农场和城市建筑等地方，为家庭、企业甚至整个社区提供清洁能源。太阳能发电不产生温室气体和污染物，具有广泛的应用潜力。其可再生性和无限的能源来

源使其成为可持续能源中的重要组成部分。

风能是另一种重要的可持续能源形式。风能利用风力发电机将风的能量转化为电能。由于风能资源广泛分布于全球各地，尤其是在海岸线和高海拔地区，风能发电已成为许多国家和地区的重要能源来源。风能发电具有低碳排放、可再生和稳定性强的特点。通过投资和发展风能项目，我们能够减少对传统能源的依赖，同时促进经济可持续发展。

水能是可持续能源的一个重要组成部分，利用水流、潮汐和水坝等来产生电能。水力发电是一种成熟的技术，在大型水电站和小型微水电站广泛应用。水力发电不产生温室气体和空气污染物，对环境影响较小。通过合理规划和利用水能资源，我们能够实现能源的可持续供应和利用。

可持续能源的重要性不可忽视。它们为我们创造了一个更清洁、可持续的未来。通过推广和应用可持续能源，我们能够减少温室气体的排放，改善空气质量，降低能源成本，并促进经济发展。在全球范围内，各个国家和地区都在积极推动可持续能源的发展，加大投资和创新力度，以应对气候变化和能源安全的挑战。

综上所述，太阳能、风能和水能作为具体的可持续能源形式，在创造绿色未来的道路上扮演着重要角色。通过持续投资和技术创新，我们能够进一步推动可持续能源的发展，实现可持续发展目标，为下一代创造一个更美好的世界。

在这个例子中，ChatGPT 在描述可持续能源时，通过连接词和逻辑结构，使得每个句子之间有明确的关系和衔接，从而形成了一个连贯的段落。ChatGPT 保持了文章的逻辑性，首先介绍了可持续能源的概念，然后列举了太阳能、风能和水能等具体的可持续能源，最后强调了它们的重要性和优势。通过逻辑连贯性的策略，ChatGPT 能够生成具有清晰结构和条理的文章，使得读者更容易理解和跟随文章的思路，获得更好的阅读体验和信息传递效果。

> ⚠️ **温馨提示** ChatGPT 生成的文章可能会包含语法错误、逻辑不连贯或不准确的信息。用户应该仔细审查并进行必要的编辑，确保文章的质量和准确性。

4.4 实战：ChatGPT文章生成实战案例

学习了 ChatGPT 生成文章的原理、方法、策略等底层逻辑后，我们通过几个案例来感受其实际运用效果。

4.4.1　案例一：写工作总结

> 🔟 **提示词：** 请为一位电子商务网站新媒体运营工作人员撰写一份年度工作总结。

ChatGPT： 作为电子商务网站新媒体运营工作人员，我在过去一年里致力于通过社交媒体和在线平台来推广和提升公司的品牌形象，增加网站流量和用户参与度。以下是我在这一职位上的年度工作总结。

1. 社交媒体管理和内容创作：管理公司在各大社交媒体平台上的账号，定期发布有吸引力和与目标受众相关的内容。制定并执行社交媒体营销策略，提高品牌知名度，吸引潜在用户，并与用户进行互动和回应。

2. 社群管理和用户参与：管理公司的在线社群，回答用户问题，解决问题和提供支持。鼓励用户参与互动，组织有趣的活动和讨论，增加用户黏性和忠诚度。

3. 数据分析和报告：跟踪和分析社交媒体活动数据，如关注人数、互动率和流量来源等，提供定期报告和见解，以优化营销策略。利用 Google Analytics 等工具分析网站流量和用户行为，为优化用户体验和增加转化率提供数据支持。

4. 新媒体趋势和策略：密切关注新媒体发展趋势和行业动态，及时调整和改进我们的新媒体营销策略。探索新的社交媒体平台和工具，评估其在推广和用户参与方面的潜力，并提出合理建议。

5. 合作和协调：与内部团队（如市场营销、内容创作和设计团队）紧密合作，确保营销信息的一致性和协调性。与关键合作伙伴和 KOL（关键意见领袖）建立合作关系，扩大品牌影响力和曝光度。

在过去的一年里，我通过精心策划和执行新媒体营销活动，成功增加了网站流量和社交媒体关注人数。同时，我也与用户保持密切互动，提供了优质的客户服务和支持。在未来，我将继续不断学习和适应新的技术和发展趋势，为公司的新媒体营销工作做出更大的贡献。

4.4.2　案例二：写小说

> 🔟 **提示词：** 请写一篇童话，角色有小猫、小狗和其他可爱的动物。童话的意义是教会小朋友保持乐观、坚强，内容请自行发挥。

ChatGPT： 从前，在一个美丽的森林中，住着一只可爱的小猫和一只机智的小狗，它们非常好奇地探索着世界。一天，它们听说有一个神奇的宝藏隐藏在森林的尽头，于是决定展开一场冒险之旅。

它们沿着一条曲折的小径向前走，眼前突然出现了一条湍急的河流。小猫和小狗遇到了困难，但它们并不气馁。它们找来一根长长的树枝，小狗巧妙地用树枝做成了一个简易的桥梁，让它们能够安全地渡过河流。

它们继续前行，来到了一片宽阔的草原。突然，一只聪明的兔子跳出来挑战它们，说道："只有回答我提出的智力问题，才能获得通行证。"兔子问："为什么苹果都是往地下落而不是往天上飞？"小猫和小狗互相交流思考，最终小猫灵光一现，回答："因为地心引力使得物体朝着地球的中心下落。"兔子听到正确的回答，满意地给了它们通行证，让它们顺利通过了这一难关。

然而，接下来的挑战更加困难。它们在茂密的森林中迷失了方向。小猫和小狗担心自己找不到回家的路，但它们并没有放弃。它们仔细观察周围的标志物，留下记号以指引回家的路线，并借助太阳的位置判断出正确的方向。最终，它们成功地找到了宝藏并回了家。

在这段冒险旅程中，小猫和小狗面对各种困难时，从不退缩。凭借智慧和勇气，它们一次次地克服困难，最终找到了宝藏。宝藏的光芒照亮了它们的心灵，它们明白了一个重要的道理：只要勇敢面对困难，相信自己的能力，就能创造奇迹。

小猫和小狗回到家中，分享了自己的冒险故事，向其他动物们传递了乐观和坚强的精神。从此以后，森林里的每一只动物都变得更加勇敢和坚韧，它们相信只要勇敢面对困难，用智慧和勇气去解决问题，就能在生活中创造奇迹。

4.4.3 案例三：写诗歌

> 🔟 提示词：　　　写一首现代诗，包含火锅、歌、雪、钢铁。

> ⑤ ChatGPT：　　　城市之夜，璀璨生辉
> 　　　　　　　　火锅的香气，街头蔓延
> 　　　　　　　　歌声如波涌动，穿梭耳畔
> 　　　　　　　　大雪纷飞，铺满寂静的大地
>
> 　　　　　　　　火锅，辣得发烫，点燃味蕾的舞蹈

歌声，奔放如潮，撞击心灵的墙壁

雪花，轻柔地舞动，如诗如画

钢铁，傲然屹立，雕刻城市的骄傲

火锅的热情，酣畅淋漓，如夜晚的灯火

歌声的旋律，激荡梦想，如热血在流淌

大雪的飘舞，寂静而纯粹，如心灵的洗涤

钢铁的坚毅，耀眼而无畏，如岁月的铭刻

在这个快节奏的时代里

火锅、歌声、雪花和钢铁

编织着城市的脉搏

展现着生活的多彩与坚韧

让我们一起高歌

火锅的激情，歌声的自由

雪花的纯净，钢铁的力量

在现代的篇章中，留下永恒的印记

🔟 **提示词：**　请按照"念奴娇"的词牌和平仄规律，创作一首思念家乡的仿宋词。

💲 **ChatGPT：**　念乡愁

漫漫离别在心头，

思念故园不曾休。

烟雨江南浸我梦，

桃花流水共时流。

山川碧绿牵思念，

乡情浓浓难舍怀。

夜深人静思归处，

灯火辉煌画故来。

家乡山河倚旧梦，

芳草萋萋满乡愁。

月华如水照故地，
思念深深在心头。

念乡思，思乡念，
飘零离别情难眠。
故乡情牵梦不绝，
永远留在心田间。

4.4.4 案例四：写文案

提示词：请撰写一篇以人文内容为主介绍山西旅行的小红书宣传文案。

ChatGPT：题目：山西，文化印记的乡愁之地

山西，一方土地承载着千年的文化积淀，每一寸土壤都沁入了古老的历史与人文底蕴。来到山西，仿佛踏入了一本古籍，翻开每一页，都能感受到浓厚的历史氛围和人文情怀。

在这片古老的土地上，河津，那座被誉为"晋商故里"的小城，诉说着商贾辉煌与商道精神。古老的街巷，青石板路，仿佛时光倒流，带你穿越到繁华的商业时代，体验古人的生活方式和智慧。

漫步于太原的古城墙上，你会被壮丽的城垣景观深深吸引。城墙上的烽火台、箭楼，见证了历史的曲折变迁，而城墙下的小巷弄堂，则透露着太原人的生活百态和市井风情。在这里，你能感受到城市的脉搏，亲近当地人的生活，品味真正的太原味道。

平遥古城，以其保存完好的古建筑群和古老的金融机构而闻名于世。漫步于街头巷尾，仿佛置身于明清时期的繁华商业中心，凝望着那些古老的银号、票号，你仿佛能听到商人们的交谈声，感受到历史的呼吸。夜晚，古城点亮了灯光，巷弄中的传统表演和民俗活动，让你感受到平遥人的热情和豪放。

再往西，来到晋中，你将发现这座城市是文化与历史的瑰宝。文庙、古寺、古街，无一不透露着晋中的灿烂文化。漫步于文庙的广场，感受古代学子的求学氛围；进入寺庙，聆听钟声佛号，寻觅内心的宁静与智慧；逛过古街，品味古老的建筑和传统工艺品，感受晋中的独特魅力。

山西，承载着五千年文明的记忆，每一寸土地都有故事，每一个角落都蕴藏着人文的厚重。来到这里，你将步入历史的长河，与古人相遇，

在人文的海洋中感受到农乡的温暖。快来山西，让我们一同品味这个有着千年人文底蕴的魅力之地吧！

#山西 #文化遗产 #历史古城 #人文之旅

🖥 **提示词：**　　　请撰写一篇李宁跑鞋的广告文案。目标客户人群为跑步爱好者，追求轻便、运动防护。

⑤ **ChatGPT：**　　　题目：轻便自由，追逐无限——李宁跑鞋

在无边的跑道上，李宁跑鞋是你追逐梦想的伙伴。它们轻盈自由，为你带来无限的动力和保护，让你在跑步的旅程中享受自由奔跑的乐趣。

李宁跑鞋，专为跑步爱好者设计，凭借着精湛的工艺和优秀的材质，为你提供卓越的性能和舒适的穿着体验。轻巧灵动的鞋身，给予你舒适的脚步感，让你在每一次起跑时都感受到自由的飞翔。强大的缓震系统，有效减轻着地时的冲击，保护你的脚部免受伤害，让你畅快地奔跑。

李宁跑鞋采用透气透湿的设计，保持你的双脚始终干爽，提供舒适的环境，让你专注于每一步的迈进。独特的鞋底设计，提供出色的抓地力和稳定性，让你在不同路面上都能自如驰骋，勇往直前。无论是短跑还是长跑，李宁跑鞋都是你可靠的伙伴，带给你全方位的运动防护。

李宁跑鞋，不仅是一双鞋子，更是你追求极致的象征。它们见证你每一次突破自我，为你提供力量和动力。在跑步的征程中，它们与你一同前行，让你的步伐更加坚定，离你的梦想更加接近。

穿上李宁跑鞋，释放你的激情，追逐无限。让轻盈的脚步带你飞跃，感受自由奔跑的快乐。李宁跑鞋，与你一同追逐梦想，让跑步成为你生命中最美的旋律。

选择李宁，成就自己的极限之路！

⚠ **温馨提示**　在使用 ChatGPT 生成文章时，应避免侵犯他人的知识产权。尊重他人的作品，不要抄袭或盗用他人的文字、图片或其他创作成果。

本章小结

本章介绍了利用 ChatGPT 生成文章的方法。我们学习了生成文章的技术原理，包括语料库的概念、模型架构、训练模型及生成文本的过程。这些基本原理为后续学习打下了基础。接着，我们详尽地展示了文章生成的多元化方法，涵盖了单

轮对话、多轮对话、文章摘要生成及创作助手等多种形式。这些方法通过不同的交互模式和处理流程，高效地产出满足特定需求的文章内容。然后，我们深入剖析了文章生成的核心策略，包括上下文理解、内容创作、语言风格模仿、细节补充及逻辑连贯性等多个方面。这些策略共同搭建起了文章生成的全面框架，确保了生成内容的精确性和易读性。最后，通过实际示例，我们展示了如何灵活运用ChatGPT生成不同类型的文章，包括工作总结、小说、诗歌和文案。通过本章的学习，读者能掌握利用ChatGPT生成文章的方法，从理解基本原理到实际应用，充分发挥ChatGPT的创作潜能，产生高质量和有价值的文章。

此外，读者可以根据个人兴趣和需求进一步了解和学习文章生成的评估指标、文章生成其他应用等知识点，这将有助于更深入地探索ChatGPT在文章生成方面的能力，并将其应用于实际场景中。

第5章

用 ChatGPT 生成图片

本章导读

AI绘画的热潮正在全球范围内迅速蔓延，并在艺术界和科技领域引起广泛讨论。AI绘画是人工智能技术与艺术的交叉领域，让计算机能够创作出逼真、富有创意的艺术作品。

在艺术领域，AI绘画为艺术家提供了全新的创作工具和媒介；在科技领域，AI绘画技术的进步带来了广泛的应用；在设计领域，AI能够协助设计师快速生成创意和概念图，提供多样和有创造性的设计方案；在广告和娱乐行业，AI绘画可用于创作视觉效果和特效，提升影片、游戏和虚拟现实体验的质量和逼真度。此外，AI绘画还有助于数字化文化遗产的保护与恢复，通过分析和重建文化艺术品，保留和传承人类的历史和文化。

本章介绍了结合ChatGPT进行图片生成的方法和工具。5.1节介绍了AI绘画领域的主流工具，其中重点介绍了Midjourney和Stable diffusion的基本功能和使用指南。5.2节详细介绍了Midjourney绘画提示词训练，扩展了一些常见的关键词，如风格、画质、材质、光影、视角、结构和镜头。5.3节介绍了使用Midjourney进行图片生成的方法，并提供了详细的步骤和示例。5.4节提供了几个实战案例，展示了如何在AI图片生成中运用ChatGPT，以油画、水彩画和创意图等不同类型的案例为例，演示了生成过程和结果。

通过本章的学习，读者可以了解AI绘画领域的主流工具，掌握Midjourney绘画操作方法与实战应用。

5.1　AI绘画主流工具介绍

当下，随着人工智能技术的快速发展，AI绘画工具层出不穷，下面将介绍几款较为主流的AI绘画工具，让大家对这些工具有一个初步的了解。

（1）Midjourney：是一款基于AI的人工智能绘画聊天工具，能够生成细节丰富、具有高度真实感和表现力的图像，包括人物、动物、风景等。

（2）Stable Diffusion：是一款开源的文图生成模型，主要用于生成以文本描述为条件的详细图像，由初创公司 Stability AI 与许多学术研究人员和非营利组织合作开发。

（3）DALL·E2：是一个由 OpenAI 开发的项目，可以根据自然语言描述生成数字图像。

（4）必应（bing）图像创建网站：微软使用OpenAI的DALL·E技术创建的网站，根据文本提示创建图片，登录即可使用。

（5）文心一格：由百度公司推出的基于文心大模型的文生图系统，是人工智能艺术和创意辅助平台，输入文字描述，即可生成不同风格的创意画作。

这些AI绘画工具各具特色，满足了不同用户的需求。接下来，我们将对Midjourney和Stable Diffusion两个主流工具进行详细介绍，以便读者更好地了解它们的功能和用途。

5.1.1　图片创作平台Midjourney

本节将详细介绍Midjourney的注册、操作流程及基础指令，帮助读者快速入门，进行AI绘画创作。

1. 简单认识Midjourney

我们可以将Midjourney理解为一个人工智能绘图平台，它可以根据自然语言描述（prompt）生成图像，以架设在 Discord 上的服务器形式推出，用户直接注册Discord 并加入 Midjourney 的服务器即可开始 AI 创作。

[!] 温馨提示　Discord平台是一个开放式的社交平台，用户可以通过加入不同的"服务器"来使用不同的功能，Midjourney就是其中一个"服务器"。该平台有软件版和网页版，功能几乎没有区别，本章内容均以网页版进行演示。

Midjourney能够生成细节丰富、具有高度真实感和表现力的图像，包括人物、动物、风景等。此外，它还提供了丰富的用户界面和工具，让用户可以自由探索、定制和优化生成的图像内容，无论是艺术家、设计师还是普通用户，都可以使用Midjourney轻松地生成独特、美观的图像，其主界面如图5-1所示。

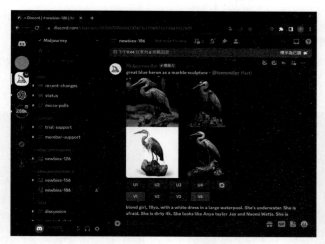

图 5-1　Midjourney 主界面

2. 注册 Discord 账号

Midjourney 以架设在 Discord 上的服务器形式推出，因此我们需要先注册一个 Discord 平台的账号，然后通过 Midjourney 的官网主页进入服务器使用。

> **⚠️ 温馨提示**　已有 Discord 账号的读者，可以跳过此段，进行"3. 加入 Midjourney 服务器"的操作。

第1步▶ 进入 Discord 官网，如图 5-2 所示，单击首页右上角"Login"（登录）按钮，进入登录页面。

第2步▶ 在登录页面下方单击"Register"（注册）按钮，如图 5-3 所示，进入注册页面。

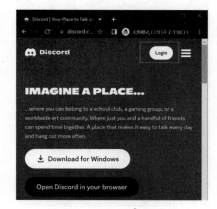

图 5-2　Discord 官网首页

图 5-3　Discord 登录页面

第3步▶ 在注册页面依次填写邮箱、用户名、密码，并选择出生日期，如图 5-4 所示，单击 "Continue"（继续）按钮，进入人机验证页面。

第4步▶ 进入人机验证页面，勾选 "I am human"（我是人类）选项，如图 5-5 所示，系统将自动弹出人机验证测试。

图 5-4　Discord 注册页面

图 5-5　Discord 人机验证页面

第5步▶ 根据页面提示，通过人机验证测试，如图 5-6 所示。

⚠温馨提示　通常测试内容为单击与提示词相关的图片，如单击与纸相关的图片。

第6步▶ 通过人机验证测试后，根据页面提示单击 "Verify by Email"（通过电子邮件验证）按钮，系统将向用户注册邮箱发送一封电子邮件进行验证，如图 5-7 所示。

图 5-6　Discord 人机验证测试页面

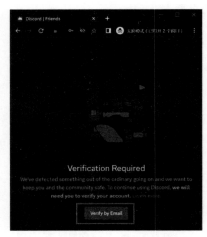

图 5-7　Discord 发送验证电子邮件

第7步 登录注册邮箱，单击"Verify email"（验证电子邮件）按钮，如图5-8所示，操作页面将自动跳转显示"电子邮件已验证通过！"，电子邮件验证完成。

第8步 电子邮件验证完成后，单击"继续使用Discord"按钮，如图5-9所示，系统将自动跳转至Discord操作台页面。

⚠️ **温馨提示** 此时Discord账号已注册完成，用户可以直接退出网页，进行下一步加入Midjourney服务器的操作。

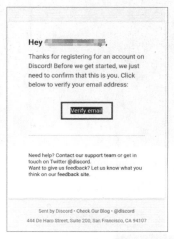

图 5-8　Discord 电子邮件验证　　　图 5-9　Discord 电子邮件验证完成

3. 加入 Midjourney 服务器

此前，我们已经成功注册了Discord账号。Midjourney以架设在 Discord 上的服务器形式推出，因此接下来我们将通过Midjourney官网进行加入Midjourney服务器的操作。

第1步 进入Midjourney官网，如图5-10所示，单击首页下方"Join the Beta"（加入测试版）按钮，进入Midjourney服务器邀请页。

⚠️ **温馨提示** 目前，因为Midjourney是以测试版形式推出的，所以用户进入服务器进行图片创作只能选择"Join the Beta"选项，若选择"Sign in"（登录）选项，则会进入作品展示页面，在该页面可以参观浏览自己及他人的图片创作记录。

第2步 根据页面提示设置用户名，单击"Continue"按钮，根据系统提示通过人机验证测试，如图5-11所示。

⚠ **温馨提示** 此处人机验证测试形式与"2. 注册 Discord 账号 - 第 5 步"人机验证测试相同，不再另行介绍。

图 5-10 Midjourney 官网首页

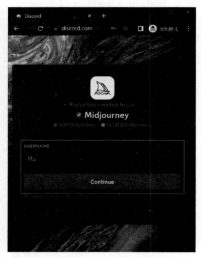

图 5-11 Midjourney 用户名填写页面

第3步 单击"接受邀请"按钮，等待加入 Midjourney 服务器，如图 5-12 所示。

图 5-12 Midjourney 服务器邀请页面

第4步 加入成功，进入 Midjourney 服务器，页面如图 5-13 所示。

图 5-13　Midjourney 服务器页面

4. Midjourney 基本操作

根据前文的操作步骤成功加入 Midjourney 服务器后，其基础功能已经可以正常使用，接下来将对 Midjourney 的基本设置及操作进行讲解，让读者学会 AI 图片作品的生成。

第1步 ▶ 进入 Midjourney 服务器后，单击左侧竖向菜单栏上的█按钮，添加个人服务器，如图 5-14 所示。

图 5-14　添加个人服务器

第2步 ▶ 在弹出的提示窗口中选择"建立自己的"选项，进入下一个提示窗口，如图5-15所示。

第3步 ▶ 在新提示窗口中选择"我和我的好友"选项，进入下一个提示窗口，如图5-16所示。

第4步 ▶ 在新提示窗口中填写个人服务器名称，并上传喜欢的图片作为服务器头像，单击"建立"按钮，完成个人服务器的添加，如图5-17所示。

图5-15　添加个人
服务器的选项（1）

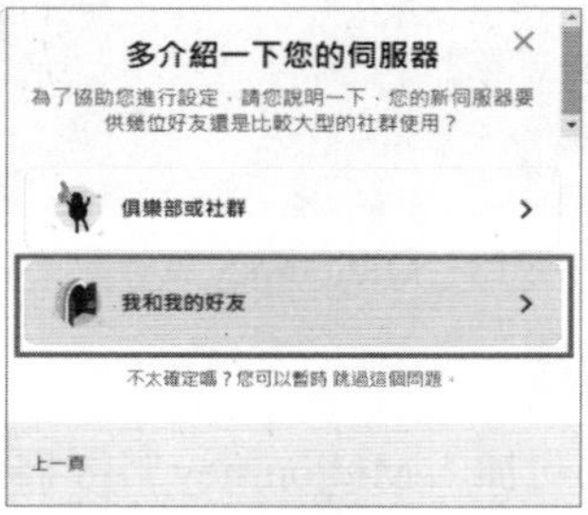

图5-16　添加个人
服务器的选项（2）

图5-17　添加个人
服务器的选项（3）

第5步 ▶ 个人服务器添加成功后，将出现在左侧竖向菜单栏中，单击即可进入，如图5-18所示。

图5-18　个人服务器页面

⚠️ **温馨提示**　添加个人服务器时上传的服务器头像图片不同，该标记处显示不同。

第6步▶ 接下来将Midjourney Bot添加至个人服务器，单击左侧竖向菜单栏中的🔵按钮，然后单击顶部的👥按钮，进入成员名单，如图5-19所示。

图 5-19　进入成员名单

第7步▶ 单击成员名单中的"Midjourney Bot"，在详情框中单击"新增至伺服器"按钮，进入服务器设置页面，如图5-20所示。

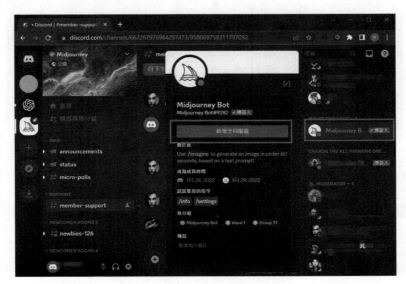

图 5-20　Midjourney Bot 设置（1）

第8步 ▶ 选择添加的个人服务器，单击"继续"按钮，再单击"授权"按钮，完成将 Midjourney Bot 添加至个人服务器的操作，如图 5-21 所示。

第9步 ▶ Midjourney Bot 设置完成后，切换至个人服务器页面，开始创作。

第10步 ▶ 在个人服务器页面底部的对话框中输入"/imagine"指令，按"Enter"键，出现"prompt"文本框，在文本框中输入提示词，按"Enter"键确认，生成初始图片，如图 5-22 所示。

图 5-21 Midjourney Bot
设置（2）

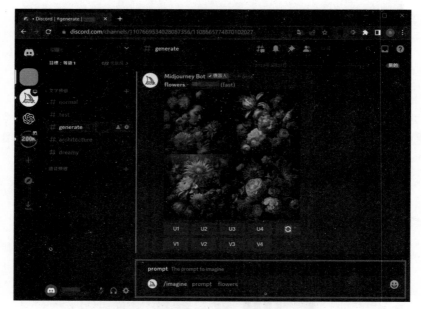

图 5-22 Midjourney 初始图片生成

> ⚠ **温馨提示** 此处的"prompt"文本框中填写内容为"flowers"。

第11步 ▶ 单击图片下方第二行的 Variation（变化）按钮，机器人将对相应图片进行变化，如图 5-23 所示。

> ⚠ **温馨提示** V1 对应左上方图片，V2 对应右上方图片，V3 对应左下方图片，V4 对应右下方图片，此处我们选择对右上方图片进行变化。

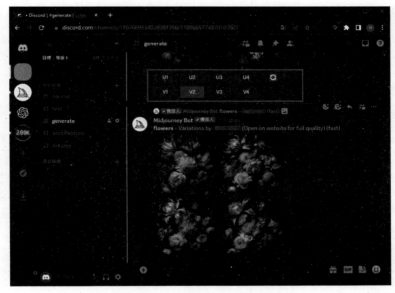

图 5-23 Midjourney 图片变化

第12步▶ 单击图片下方第一行的 Upscale（升档）按钮，机器人将自动丰富对应图片的细节，并生成图片，如图 5-24 所示。

⚠ **温馨提示** U1 对应左上方图片，U2 对应右上方图片，U3 对应左下方图片，U4 对应右下方图片，此处我们选择对左下方图片进行升档。

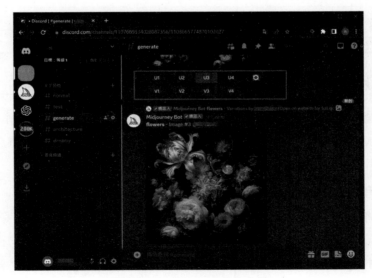

图 5-24 Midjourney 图片升档

5. Midjourney基本指令

Midjourney 的使用是通过输入指令来实现的，每个指令都对应着不同的功能，基本指令如表5-1所示。

表5-1　Midjourney基本指令

指令名称	释义
/imagine	最基本的绘图命令，在"imagine"后输入提示词，就可以进行AI图片绘制
/fast	切换至快速模式，可以免除排队快速成图，新用户可以生成25张图片，基本会员每月可生成约200张图片，标准会员每月可生成约900张图片，超时后需单独购买GPU时间
/relax	放松模式，仅适用于标准会员及以上，使用时间不限，但GPU队列时间与其他会员共享，最多可以执行3个任务
/blend	将多张图片混合在一起，生成具有多张图片特征的新图片
/describe	根据上传的图像编写4个示例提示
/prefer suffix	指定要添加到每个提示词末尾的后缀
/help	机器人会自动推送基本帮助信息和指南
/ask	向机器人询问问题，并获取答案
/info	查看排队或正在运行的任务，以及会员套餐余量信息等
/settings	查看和调整Midjourney Bot的设置
/subscribe	为用户生成个人订阅链接
/stealth	专业计划订阅用户用于切换到隐身模式
/public	专业计划订阅用户用于切换到公共模式

5.1.2 图片创作平台 Stable Diffusion

在 AI 绘画领域，除了 Midjourney，Stable Diffusion 也备受图片创作者喜爱。前文已对 Midjourney 进行了详细介绍，下面将介绍 Stable Diffusion 的特点及其网页版的图片生成方法。

1. 简单认识 Stable Diffusion

下面将从背景、特点及主要应用方式三个方面介绍 Stable Diffusion。

（1）Stable Diffusion 的背景：Stable Diffusion 是一种用于图像生成和增强的人工智能技术，采用了基于扩散过程的生成方法，其概念最早由科学家 Dmitry Ulyanov 在 2018 年提出。

（2）Stable Diffusion 的特点：高质量的图像生成（Stable Diffusion 基于流行的 GAN"生成对抗网络"架构，能够生成逼真、高质量的图像），可控的生成过程（Stable Diffusion 提供了可调节的参数，使用户能够控制生成图像的风格、内容和质量），可用于多种应用（Stable Diffusion 在艺术创作、图像修复、图像增强等领域具有广泛的应用）。

（3）Stable Diffusion 的主要应用方式：使用预训练模型（Stable Diffusion 提供了预训练的模型，用户可以直接使用这些模型进行图像生成），自定义训练模型（用户也可以通过训练自己的模型来实现特定的图像生成任务）。

2. Stable Diffusion 网页版

下面将对 Stable Diffusion 网页版的使用方法进行讲解，让读者学会运用 Stable Diffusion 进行 AI 图片作品的生成。

第1步 ▶ 进入 Stable Diffusion 官网，如图 5-25 所示，单击首页下方"Get Started for Free"（免费开始）按钮。

第2步 ▶ 在"Enter your prompt"（输入提示词）文本框中输入提示词，单击"Generate image"（生成图片）按钮，如图 5-26 所示，系统将根据提示词生成图片。

图 5-25　Stable Diffusion 官网首页

图 5-26　Stable Diffusion 生成图片

5.1.3 Midjourney 和 Stable Diffusion 的区别与特色

在 AI 图片生成的实际操作中，用户通常会对比使用多个平台。在本节中，我们选择了主流平台 Midjourney 和 Stable Diffusion 进行对比，以帮助读者根据自身需求进行选择和使用。这两个平台各有优势，通过对比它们的特点和功能，读者可以更好地理解它们的差异，并根据自己的需求进行选择。无论是 Midjourney 还是 Stable Diffusion，都为用户提供了强大的图片生成功能，但使用前需要考虑硬件要求、部署复杂度及可控性等因素。通过对比分析，用户可以根据自己的情况和偏好进行选择，以获得最佳的 AI 图片生成体验。

1. Midjourney 的特点

（1）无硬件要求：Midjourney 没有特定的硬件要求，可在几乎所有设备上运行。

（2）部署较简单：使用 Midjourney 只需下载或登录 Discord 并注册，门槛相对较低。

（3）易上手：Midjourney 使用相对简单，只需输入或复制他人的提示词和选项即可生成图片。

（4）上限较低/下限较高：Midjourney 可以立即稳定生成令人满意的图片，但控制度相对较低，对局部细节的变化调整相对较难。

（5）可控性较弱：Midjourney 缺乏插件和 LORA 支持，图片风格相对固定，自由度较低。

（6）需要联网运行：Midjourney 必须在联网状态下运行，数据存储在服务器上，本地保存较为麻烦。

（7）无法自定义模型：只能使用官方提供的模型。

（8）付费使用：新用户有 25 张免费生图额度，用完后需要购买会员，否则无法进行图片生成。

2. Stable Diffusion 的特点

（1）较高的硬件要求：Stable Diffusion 需要独立显卡，对硬件要求较高。

（2）部署较为复杂：Stable Diffusion 的部署较为复杂，需要从 GitHub 下载多个文件，并需要一定的 Python 知识。

（3）使用难度较高：Stable Diffusion 的界面内容较多，学习过程相对复杂。

（4）上限很高/下限较低：Stable Diffusion 在经过深度训练的操作下，可以生成高水平的图片，且可控范围较广。

（5）可控性强，功能丰富：Stable Diffusion具备丰富的插件和LORA支持，可根据需求调整风格和形态，具有很强的功能性。

（6）可以完全本地化运行：Stable Diffusion本地化配置完成后，无须网络即可无限使用。

（7）可训练模型：Stable Diffusion允许用户训练自己的模型，按照自己的想法塑造目标风格的内容。

（8）免费使用：本地化部署完成后，Stable Diffusion可完全免费且无限次使用。

综上所述，Midjourney适合刚接触AI图片生成并希望快速上手操作的用户。该平台具有高度的便捷性和可玩性，吸引了广泛的用户群体分享提示词，并提供了线上实时交流频道，促进了用户之间的互动。然而，Midjourney在作品可控性和自由度方面存在一定的局限性。

相比之下，Stable Diffusion则更适合对图像质量和自由度有较高需求的用户。虽然在硬件要求和部署过程上具有一定的挑战性，同时需要一定的编程知识作为辅助，但该平台可以满足深度用户对AI图片生成的更高要求，它提供了更强的作品可控性和自由度，且用户可以根据自己的想法训练模型，塑造出符合自己目标风格的内容。

选择Midjourney还是Stable Diffusion取决于用户的需求和技术水平。对于初学者或希望快速体验AI绘图的用户，Midjourney是一个很好的选择；而对于追求更高质量和更大自由度的深度用户，则Stable Diffusion是更好的选择。

5.2 Midjourney绘画提示词训练

本节主要介绍如何运用 ChatGPT，对其提出相关指令进行训练，以生成作用于 Midjourney 的有效提示词，并在 Midjourney 中根据提示词生成图片。

5.2.1 风格类关键词训练

在本小节中，我们对 ChatGPT 提出与图片风格相关的问题进行训练，以生成作用于 Midjourney 的有效提示词。

1. ChatGPT指令

为了充分展示ChatGPT在AI绘画中生成风格类关键词的作用，下面展示部分操作流程。

> 🔟 **输入提示词：** 请对绘画风格进行总结性描述，并以词汇的形式表达。

> ⑤ **ChatGPT：** 当谈论绘画风格时，以下是一些词汇和短语，可用于总结性描述。
>
> 现实主义：以逼真和准确描绘现实世界为特征的风格。
>
> 抽象表现主义：通过形式和色彩的抽象表达来传递情感和情绪。
>
> 印象主义：以光线和色彩的感觉为基础，强调瞬间的观察和印象。
>
> 立体派：通过多角度和分解视觉形式，呈现物体的立体感和多维度。
>
> 超现实主义：将梦幻、幻觉和超现实元素融入画作，探索超越现实的主题。
>
> 符号主义：使用象征和隐喻，表达出深层的意义和思想。
>
> 水彩画：使用水溶性颜料和水的透明质感，创造柔和、流动的效果。
>
> 油画：使用油性颜料和厚重的质感，展现出丰富的颜色层次和质感。
>
> 素描：以线条和阴影表达出形式和结构的细节。
>
> 写实主义：以高度精确和细致的绘画技巧，追求对物体真实外观的再现。
>
> 摄影写实主义：模仿摄影的效果，注重细节和光线的真实表现。
>
> 印度派：以明亮的颜色、精细的线条和几何图案为特征。
>
> 这些词汇可以帮助你描述绘画风格的关键特征和视觉效果。根据具体的绘画风格，你可以选择适合的词汇，并结合具体情境进行描述。

> 🔟 **输入提示词：** 请帮我进行更详细的归类。

> ⑤ **ChatGPT：** 当谈论绘画风格时，可以更详细地进行归类，以下是一些常见的绘画风格及其描述。
>
> 现实主义风格细分如下。
>
> 自然主义：追求尽可能真实地描绘自然和现实世界的风格。
>
> 精确写实主义：强调细节和准确性，通过精确的绘画技巧还原真实外观。
>
> 超写实主义：通过极度精确和详细的描绘，以至于作品几乎与摄影无异。
>
> 抽象主义风格细分如下。
>
> 抽象表现主义：强调形式、色彩和笔触的自由表达，注重情感和内在体验。

极简主义：简化形式和图像，以最简洁的方式表达核心概念和意义。

裂解主义：将形象和物体分解为各种碎片和几何形状，以展现多重视角和感知。

印象主义风格细分如下。

光影印象主义：通过强调光线和色彩的变化，表现瞬间的光影效果和感受。

风景印象主义：着重描绘自然景观，捕捉大自然的光与色、气氛和情绪。

城市印象主义：以都市生活和城市景观为主题，强调繁忙都市的光影和动态。

立体主义风格细分如下。

立体派：通过几何形状和多个视角的组合，表现物体的多面性和立体感。

立体雕塑：追求在画布上创造出逼真的三维效果和立体感。

三维表现主义：通过多角度的观察和构图，展现事物的多维度和复杂性。

超现实主义风格细分如下。

幻想超现实主义：通过梦幻、幻觉和超自然元素，创造出非现实的景象和情境。

精确超现实主义：以高度精确和细腻的绘画技巧，描绘出超现实主题的细节。

水彩画风格细分如下。

透明水彩画：利用透明的水彩颜料和混合技巧，创造出清澈、明亮的效果。

干笔水彩画：运用较少水分的笔触和颜料，创造出干燥和质感丰富的效果。

油画风格细分如下。

雅克·马利坦风格：以艳丽的色彩和粗糙的笔触，表现出粗犷和充满力量的效果。

薄涂油画：使用较少的油料，创造出薄而透明的层次和柔和的效果。

厚涂油画：大量使用油料，建立起良好的厚度和质感，呈现出丰富的表面质感。

符号主义风格细分如下。

象征主义：使用象征性的符号和隐喻，传达深层的意义和思想。

装饰象征主义：强调装饰和花纹，以符号和图案为基础，创造出富有视觉魅力的效果。

写实主义风格细分如下。

自然写实主义：以准确的细节和真实的比例，还原自然界的外貌和形态。

社会写实主义：通过细致描绘日常生活和社会场景，展现社会现实和人类关系。

印度派风格细分如下。

神话印度派：以古代神话和宗教题材为主，展现出丰富的神话故事和传说。

民俗印度派：描绘印度民俗文化和传统生活场景，强调鲜艳的色彩和细节。

这些更详细的归类可以帮助你更具体地描述绘画风格的特征和视觉效果。请根据你所关注的绘画风格选择合适的描述词汇，并结合具体情境进行描述。

🔟 **输入提示词：** 请将上文出现过的绘画风格术语翻译成英文。

🟢 **ChatGPT：** 当谈论绘画风格时，以下是一些常见的绘画风格术语的英文翻译。

现实主义风格：

Naturalism

Photorealism

Hyperrealism

抽象主义风格：

Abstract Expressionism

Minimalism

Deconstructionism

印象主义风格：

Luminist Impressionism

Landscape Impressionism

Urban Impressionism

立体主义风格：

Cubism

Cubism Sculpture

Three-Dimensional Expressionism

超现实主义风格：

Fantastic Surrealism

Precision Surrealism

水彩画风格：

Transparent Watercolor

Dry Brush Watercolor

油画风格：

Jacques Maritain Style

Thinly Painted Oil

Thickly Painted Oil

符号主义风格：

Symbolism

Decorative Symbolism

写实主义风格：

Naturalistic Realism

Social Realism

印度派风格：

Mythological Indianness

Folkloric Indianness

请注意，翻译有时候可以存在多个版本，因此不同的来源可能会有不同的译法。上面提供的译法是比较常见和被广泛接受的翻译。

2. 风格类关键词归纳

下面从不同维度对风格类关键词进行扩展，如表5-2所示。

表5-2　风格类关键词

风格	对该风格的描述
现实主义风格 （Realism Style）	自然主义（Naturalism）
	精确写实主义（Photorealism）
	超写实主义（Hyperrealism）
抽象主义风格 （Abstract Expressionism Style）	抽象表现主义（Abstract Expressionism）
	极简主义（Minimalism）
	裂解主义（Deconstructionism）

续表

风格	对该风格的描述	
印象主义风格 （Impressionism Style）	光影印象主义（Luminist Impressionism）	
	风景印象主义（Landscape Impressionism）	
	城市印象主义（Urban Impressionism）	
立体主义风格 （Cubism Style）	立体派（Cubism）	
	立体雕塑（Cubism Sculpture）	
	三维表现主义（Three-Dimensional Expressionism）	
超现实主义风格 （Surrealism Style）	幻想超现实主义（Fantastic Surrealism）	
	精确超现实主义（Precision Surrealism）	
水彩画风格 （Watercolor Style）	透明水彩画（Transparent Watercolor）	
	干笔水彩画（Dry Brush Watercolor）	
油画风格 （Oil Painting Style）	雅克·马利坦风格（Jacques Maritain Style）	
	薄涂油画（Thinly Painted Oil）	
	厚涂油画（Thickly Painted Oil）	
符号主义风格 （Symbolism Style）	象征主义（Symbolism）	
	装饰象征主义（Decorative Symbolism）	
写实主义风格 （Realism Style）	自然写实主义（Naturalistic Realism）	
	社会写实主义（Social Realism）	
印度派风格 （Indianness Style）	神话印度派（Mythological Indianness）	
	民俗印度派（Folkloric Indianness）	

5.2.2 画质类关键词训练

本小节将对ChatGPT提出与图片画质相关的问题进行训练，以生成作用于Midjourney 的有效提示词。

1. ChatGPT指令

为了充分展示ChatGPT在AI绘画中生成画质类关键词的作用，下面展示部分操作流程。

> ⑩ 输入提示词：　　请对绘画画质进行总结性描述，并以词汇的形式表达，同时进行英文翻译。

ChatGPT:　绘画画质的总结性描述及英文翻译如下。

（1）清晰的：高度细节的，精确的 | Clear: Highly detailed, Precise。

（2）模糊的：含糊的，不清晰的 | Blurry: Vague, Unclear。

（3）细腻的：精致的，微妙的 | Delicate: Exquisite, Subtle。

（4）生动的：活泼的，鲜明的 | Vivid: Lively, Vibrant。

（5）光滑：平滑的，细腻的 | Smooth: Even, Refined。

（6）硬朗的：强烈的，坚定的 | Harsh: Intense, Firm。

（7）厚重的：浓厚的，厚实的 | Thick: Dense, Substantial。

（8）绚丽的：艳丽的，夺目的 | Colorful: Bright, Eye-catching。

（9）平淡的：平凡的，没有明显特色的 | Plain: Ordinary, Lacking distinct features。

（10）自然的：逼真的，贴近自然的 | Natural: Authentic, Close to nature。

（11）灰暗的：阴暗的，暗淡的 | Dull: Gloomy, Dim。

（12）生动的：活泼的，栩栩如生的 | Lifelike: Animated, Realistic。

（13）逼真的：真实的，逼真的 | Realistic: Authentic, True to life。

（14）夸张的：戏剧性的，夸大的 | Exaggerated: Dramatic, Exaggerated。

（15）轮廓清晰的：轮廓鲜明的，清晰可见的 | Sharp: Distinct, Well-defined。

注意：这些词汇描述了不同的画质特征，具体的描述可能需要根据具体情况进行选择和组合。

2. 画质类关键词归纳

下面从不同维度对画质类关键词进行扩展，如表 5-3 所示。

表 5-3　画质类关键词

画质	对该画质的描述
分辨率（Resolution）	高分辨率（High Resolution）
	低分辨率（Low Resolution）
	超高清（Ultra-High Definition）
	像素化（Pixelated）
	模糊（Blurred）

续表

画质	对该画质的描述	
清晰度 （Clarity）	清晰（Clear）	
	模糊（Blurry）	
	笔触模糊（Brushstroke Blurry）	
	边缘清晰（Sharp Edges）	
	细节丰富（Rich in Details）	
	精确（Precise）	
细节程度 （Detail Level）	精细（Fine）	
	粗糙（Rough）	
	光滑（Smooth）	
	细腻（Delicate）	
	细致（Detailed）	
	精确（Accurate）	
	粗犷（Rugged）	
	纹理丰富（Rich in Textures）	
质感 （Texture）	质感丰富（Rich Texture）	
	平滑（Smooth）	
	粗糙（Rough）	
	光滑（Sleek）	
	硬朗（Sturdy）	
	柔软（Soft）	
	湿润（Moist）	
	干燥（Dry）	
	黏稠（Viscous）	
色彩饱和度 （Color Saturation）	饱和（Vibrant）	
	柔和（Subdued）	
	浓烈（Intense）	
	明亮（Bright）	
	暗淡（Dim）	
	灰暗（Dull）	

续表

画质	对该画质的描述
色彩饱和度 （Color Saturation）	鲜艳（Colorful）
	透明（Transparent）
	深邃（Deep）
	浅淡（Pale）
对比度 （Contrast）	高对比度（High Contrast）
	低对比度（Low Contrast）
	强烈的对比（Strong Contrast）
	明暗对比（Light and Dark Contrast）
色调 （Tone）	冷色调（Cool Tones）
	暖色调（Warm Tones）
	明快（Vibrant）
	柔和（Soft）
	鲜明（Bold）
	柔美（Gentle）
	冷峻（Stern）
	明丽（Luminous）
光影效果 （Lighting Effects）	明亮（Bright）
	暗淡（Dim）
	阴影（Shadows）
	光线明暗（Light and Shadow）
	光影交错（Interplay of Light and Shadow）
	高光（Highlights）
	明暗对比（Light and Dark Contrast）
立体感 （Three-dimensionality）	立体（Three-dimensional）
	平面（Two-dimensional）
	透视（Perspective）
	空间感（Sense of Space）
	层次感（Sense of Depth）
	深度（Depth）

续表

画质	对该画质的描述
立体感 （Three-dimensionality）	凸起（Raised）
	凹陷（Recessed）
逼真度 （Realism）	逼真（Realistic）
	夸张（Exaggerated）
	抽象（Abstract）
	写实（Representational）
	艺术化（Artistic）
	虚实结合（Combination of Reality and Fantasy）
	自然（Natural）
	超现实（Surreal）
纹理 （Texture）	质感明显（Pronounced Texture）
	平滑（Smooth）
	光面（Glossy）
	粗糙（Rough）
	细腻（Delicate）
	木纹（Wood Grain）
	织物纹理（Fabric Texture）
	金属质感（Metallic Texture）
平衡度 （Balance）	平衡（Balanced）
	不平衡（Unbalanced）
	对称（Symmetrical）
	不对称（Asymmetrical）
	稳定（Stable）
	动感（Dynamic）
	平静（Calm）
	动态（Energetic）
	静态（Static）

续表

画质	对该画质的描述
温暖度 （Warmth）	温暖（Warm）
	冷酷（Cold）
	温馨（Cozy）
	温和（Mild）
	寒冷（Chilly）
	温暖色调（Warm Color Palette）
	寒冷色调（Cool Color Palette）

5.2.3　材质/光影类关键词训练

本小节将对 ChatGPT 提出与图片材质、光影相关的问题进行训练，以生成作用于 Midjourney 的有效提示词。

1. ChatGPT 指令

为了充分展示 ChatGPT 在 AI 绘画中生成材质、光影类关键词的作用，下面展示部分操作流程。

> 🔟 **输入提示词：**　请归纳材质的种类。

> 🟢 **ChatGPT：**　以下是一些常见的绘画材质种类总结：
> （1）油画材质
> （2）水彩材质
> （3）粉彩材质
> （4）铅笔材质
> （5）彩铅材质
> （6）炭笔材质
> （7）墨水材质
> （8）蜡笔材质
> （9）手绘数字材质
> （10）喷漆材质
> （11）膠彩材质
> （12）素描材质
> （13）蛋彩材质

（14）油画棒材质

（15）珠光材质

（16）喷墨材质

（17）纸张材质

（18）布料材质

（19）木板材质

（20）墙面材质

这些是常见的绘画材质种类，艺术家可以根据自己的喜好和创作需求选择适合的材质进行绘画。

🔟 **输入提示词：** 请对每种材质扩展几个形容词（包括特性、种类术语等）。

---

⑤ **ChatGPT：** 以下是对每种绘画材质的形容词扩展。

（1）油画材质：光滑的、清晰的、纹理丰富的、高光效果的、柔和的、质感浓郁的、细腻的、透明度高的。

（2）水彩材质：清新的、透明的、柔和的、晕染的、水性的、渐变的、清亮的、温柔的、轻盈的、轻薄的。

（3）粉彩材质：柔美的、柔细的、柔滑的、细腻的、清淡的、柔焦的、清透的、轻柔的。

（4）铅笔材质：素描的、灰度的、渐变的、细腻的、铅灰色的、清晰的、轻薄的、精确的。

（5）彩铅材质：色彩丰富的、饱满的、渐变的、柔和的、融合的、细腻的、明亮的、饱和度高的。

（6）炭笔材质：粗糙的、灰度的、纹理明显的、深沉的、墨黑色的、粉末状的。

（7）墨水材质：清晰的、柔和的、流动的、透明的、纯净的、染色的、纹理丰富的、墨黑色的、渐变的、干燥的。

（8）蜡笔材质：饱和度高的、明亮的、渐变的、蜡质的、细腻的、饱满的。

（9）手绘数字材质：数字化的、精确的、清晰的、光滑的、高分辨率的、液态的、丰富的、可编辑的、独特的、矢量化的。

（10）喷漆材质：喷涂的、均匀的、光滑的、鲜艳的、喷洒的、色彩丰富的、叠加的、有质感的、柔和的、渐变的。

（11）膠彩材质：光泽的、饱满的、艳丽的、高光效果的、叠加的、柔和的、可塑性的、质感浓郁的、细腻的、透明度高的。

（12）素描材质：粗糙的、灰度的、纹理明显的、渐变的、柔和的、质感强烈的、黑白的、阴影的、精确的、素朴的。

（13）蛋彩材质：光滑的、温润的、鲜亮的、渐变的、丰富的、柔和的、艳丽的、饱满的、光泽的、透明的。

（14）油画棒材质：厚重的、色彩浓郁的、手感丰富的、渐变的、柔和的、块状的、质感丰富的、明亮的、自然的、柔软的。

（15）珠光材质：闪亮的、美丽的、珠光色的、反射的、光滑的、光泽的、艳丽的、高光效果的、霓虹色的、炫彩的。

（16）喷墨材质：清晰的、柔和的、流动的、高分辨率的、逼真的、染色的、渐变的、鲜艳的、干燥的、防水的。

（17）纸张材质：光滑的、纹理明显的、可塑性的、吸水性的、质感丰富的、高品质的、透明的、可擦除的、厚度合适的。

（18）布料材质：织物的、纹理明显的、柔软的、质感丰富的、可拉伸的、可印的、花的。

（19）木板材质：平整的、硬质的、木纹明显的、可雕刻的、耐久的、色彩自然的、稳定的、厚度合适的、纹理丰富的、高品质的。

（20）墙面材质：平滑的、均匀的、质感丰富的、叠加的、纹理明显的、光滑的、渐变的、饱满的、可涂饰的、艳丽的。

2. 材质类关键词归纳

下面对材质类关键词进行筛选，如表 5-4 所示。

表 5-4　材质类关键词

材质类别	材质描述
油画材质（Oil Painting Materials）	光滑的（Glossy），清晰的（Clear），柔和的（Soft），质感浓郁的（Rich in Texture），细腻的（Delicate）
水彩材质（Watercolor Materials）	清新的（Fresh），透明的（Transparent），晕染的（Blended），渐变的（Gradual），清亮的（Bright），轻薄的（Thin）
粉彩材质（Pastel Materials）	柔美的（Soft and Beautiful），柔细的（Delicate），柔滑的（Smooth），清淡的（Subtle），柔焦的（Soft Focus），清透的（Transparent），轻柔的（Gentle）
铅笔材质（Pencil Materials）	素描的（Sketch-like），灰度的（Grayscale），细腻的（Delicate），铅灰色的（Graphite Gray），精确的（Precise）

续表

材质类别	材质描述
彩铅材质（Colored Pencil Materials）	色彩丰富的（Rich in color），饱满的（Full），渐变的（Gradated），柔和的（Soft），融合的（Blended），细腻的（Delicate），明亮的（Bright），饱和度高的（High saturation）
炭笔材质（Charcoal Materials）	粗糙的（Rough），灰度的（Grayscale），纹理明显的（Textured），深沉的（Deep），墨黑色的（Jet Black），粉末状的（Powdery）
墨水材质（Ink Materials）	清晰的（Clear），柔和的（Soft），流动的（Flowing），透明的（Transparent），纯净的（Pure），染色的（Stained），纹理丰富的（Rich in Texture），墨黑色的（Jet Black），渐变的（Gradual），干燥的（Dry）
蜡笔材质（Crayon Materials）	明亮的（Bright），渐变的（Gradual），蜡质的（Waxy），细腻的（Delicate），饱满的（Full）
手绘数字材质（Digital Drawing Materials）	数字化的（Digital），精确的（Precise），光滑的（Smooth），高分辨率的（High Resolution），液态的（Liquid），丰富的（Rich），可编辑的（Editable），独特的（Unique），矢量化的（Vectorized）
喷漆材质（Spray Paint Materials）	喷涂的（Sprayed），均匀的（Even），鲜艳的（Vibrant），喷洒的（Splattered），色彩丰富的（Rich in Color），叠加的（Layered），有质感的（Textured），柔和的（Soft），渐变的（Gradual）
膠彩材质（Gouache Materials）	光泽的（Glossy），饱满的（Full），艳丽的（Bright），高光效果的（High Highlights），叠加的（Layered），柔和的（Soft），可塑性的（Malleable），质感浓郁的（Rich in Texture），细腻的（Delicate），透明度高的（High Transparency）
素描材质（Sketch Materials）	粗糙的（Rough），灰度的（Grayscale），纹理明显的（Textured），渐变的（Gradual），柔和的（Soft），质感强烈的（Strong Texture），黑白的（Black and White），阴影的（Shaded），精确的（Precise），素朴的（Simple）
蛋彩材质（Egg Tempera Materials）	光滑的（Smooth），温润的（Moist），鲜亮的（Vibrant），渐变的（Gradual），丰富的（Rich），柔和的（Soft），艳丽的（Bright），饱满的（Full），光泽的（Glossy），透明的（Transparent）
油画棒材质（Oil Pastel Materials）	厚重的（Thick），色彩浓郁的（Rich in Color），手感丰富的（Rich in Texture），渐变的（Gradual），柔和的（Soft），块状的（Chunky），质感丰富的（Rich in Texture），明亮的（Bright），自然的（Natural），柔软的（Soft）

续表

材质类别	材质描述
珠光材质（Pearlescent Materials）	闪亮的（Shiny），美丽的（Beautiful），珠光色的（Pearlescent），反射的（Reflective），光滑的（Smooth），光泽的（Glossy），艳丽的（Vibrant），高光效果的（High Highlights），霓虹色的（Neon），炫彩的（Colorful）
喷墨材质（Inkjet Materials）	清晰的（Clear），柔和的（Soft），流动的（Flowing），高分辨率的（High Resolution），逼真的（Realistic），染色的（Dyed），渐变的（Gradual），鲜艳的（Vibrant），干燥的（Dry），防水的（Waterproof）
纸张材质（Paper Materials）	光滑的（Smooth），纹理明显的（Textured），可塑性的（Malleable），吸水性的（Absorbent），质感丰富的（Rich in Texture），高品质的（High-Quality），透明的（Transparent），可擦除的（Erasable），厚度合适的（Suitable Thickness）
布料材质（Fabric Materials）	织物的（Textile），纹理明显的（Textured），柔软的（Soft），质感丰富的（Rich in Texture），可拉伸的（Stretchable），可印的（Printable），花的（Patterned）
木板材质（Wood Panel Materials）	平整的（Smooth），硬质的（Hardwood），木纹明显的（Visible Wood Grain），可雕刻的（Carvable），耐久的（Durable），色彩自然的（Natural Color），稳定的（Stable），厚度合适的（Suitable Thickness），纹理丰富的（Rich in Texture），高品质的（High-Quality）
墙面材质（Wall Surface Materials）	平滑的（Smooth），均匀的（Even），质感丰富的（Rich in Texture），叠加的（Layered），纹理明显的（Textured），光滑的（Smooth），渐变的（Gradual），饱满的（Full），可涂饰的（Paintable），艳丽的（Vibrant）

3. 光影类关键词归纳

下面对光影类关键词进行筛选，如表 5-5 所示。

表 5-5　光影类关键词

光影类别	光影描述
明亮的（Bright）	清澈的（Clear），清澈半透明的（Clear and Translucent），澄澈透明的（Crystal Clear and Transparent）
柔光的（Softly Lit）	温暖的（Warm），柔和的（Soft），舒适的（Cozy），温馨的（Warm and Cozy），均匀的（Even）
阴影的（Shadowy）	层次感（Sense of Depth），神秘的（Mysterious）
暗淡的（Dim）	低调的（Subdued），沉静的（Serene）
昏暗的（Dusky）	幽暗的（Dimly Lit）

续表

光影类别	光影描述
强烈的 （Intense）	对比强烈的（High Contrast），视觉冲击力的（Visually Striking）
柔美的（Graceful）	朦胧的（Hazy），细腻的（Delicate），优雅的（Elegant）
渐变的（Gradual）	流畅的（Smooth），渐进的（Progressive）
鲜明的（Vivid）	色彩饱满的（Colorful and Rich），鲜活的（Vibrant）
艳丽的（Lively）	鲜艳的（Bright and Vibrant），绚烂的（Dazzling）
高光的（High-Gloss）	强烈的（Intense），夺目的（Eye-catching）
逼真的（Realistic）	真实的（Real），逼真的（Lifelike）
夜晚的（Nighttime）	宁静的（Peaceful），神秘的（Mysterious）
日落的（Sunset）	温暖的（Warm），柔和的（Soft），浪漫的（Romantic）
黄昏的（Dusk）	柔和的（Soft），浪漫的（Romantic），神秘的（Mysterious）
晨光的（Morning Light）	明亮的（Bright），清新的（Fresh），宁静的（Serene）
雾霭的（Misty）	模糊的（Blurry），朦胧的（Hazy）
投影的（Projected）	阴影的（Shadowed），层次感的（Layered）
反射的（Reflective）	反光的（Glossy），闪耀的（Shiny）
透明的（Transparent）	清澈的（Clear），透明的（Transparent）

5.2.4 视角/结构/镜头类关键词训练

本小节将对ChatGPT提出与图片视角、结构、镜头相关的问题进行训练，以生成作用于 Midjourney 的有效提示词。

1. ChatGPT指令

为了充分展示ChatGPT在AI绘画中生成视角、结构、镜头类关键词的作用，下面展示部分操作流程。

> 🔟 **输入提示词：** 请归纳视角的种类（尽量使用术语）。

> 🔘 **ChatGPT：** 以下是常见的视角种类的术语。
> 一点透视：使用单个消失点来呈现物体的透视效果。
> 两点透视：使用两个不同的消失点来呈现物体的透视效果。

三点透视：使用三个不同的消失点来呈现物体的透视效果，适用于观察高度和角度差异较大的场景。

鸟瞰视角：从高处俯瞰物体或场景，呈现一种鸟瞰效果。

低角度视角：从较低的位置仰视物体或场景，突出物体的高度和威严感。

平视视角：以水平线为基准，直接面对物体或场景，呈现一种中立和客观的视角。

侧面视角：从物体或场景的侧面观察，突出物体的轮廓和形状。

逆光视角：将光源放在画面背后，使物体呈现出背光效果。

正视角：以正对物体的角度观察，没有明显的仰视或俯视效果。

前景视角：将观察点设置在画面前景中，强调近距离物体的细节和存在感。

散点透视：使用多个离散的消失点来呈现物体的透视效果，适用于复杂的场景或形体。

广角视角：使用广角镜头或广角透视，呈现出广阔的视野和扩张感。

鱼眼视角：使用鱼眼镜头或鱼眼透视，呈现出弯曲的景观和畸变效果。

折射视角：通过物体的折射或反射效果，改变视角和形象。

微距视角：使用微距镜头或微距透视，呈现出近距离物体的细节和纹理。

远景视角：以远离物体的角度观察，突出远处景观的广阔和深度感。

主观视角：以个人观察者的角度观察，呈现出主观体验和感受。

局部视角：专注于物体或场景的特定部分，突出细节和重要元素。

多点透视：使用多个消失点来呈现物体的透视效果，适用于复杂的立体结构。

变形视角：通过图像变形或扭曲来创造独特的视觉效果。

非线性透视：通过扭曲或拉伸物体来创造非传统的透视效果。

交错透视：通过错综复杂的线条和形体交叉来呈现透视效果，营造出视觉上的错觉。

请注意，这些术语描述了视角的特定方面和效果，而实际绘画中可能会有更多的变化和组合。

2. 视角、结构、镜头类关键词归纳

下面对视角、结构、镜头类关键词进行筛选，如表 5-6 所示。

表5-6 视角、结构、镜头类关键词

类别	对该类别的描述
视角 （Angle of view）	一点透视（One-point perspective）
	两点透视（Two-point perspective）
	三点透视（Three-point perspective）
	多点透视（Multi-point perspective）
	散点透视（Scattered-point perspective）
	鸟瞰视角（Bird's-eye view）
	低角度视角（Low-angle view）
	平视视角（Eye-level view）
	侧面视角（Side view）
	逆光视角（Backlight view）
	正视角（Frontal view）
	前景视角（Foreground view）
	广角视角（Wide-angle view）
	鱼眼视角（Fish-eye view）
	折射视角（Refraction view）
	微距视角（Macro view）
	远景视角（Distant view）
	主观视角（Subjective view）
	局部视角（Close-up view）
	变形视角（Distorted view）
	非线性透视（Nonlinear perspective）
	交错透视（Crossover perspective）
结构 （Construction）	对称结构（Symmetrical structure）
	不对称结构（Asymmetrical structure）
	中心结构（Central structure）
	斜线结构（Diagonal structure）
	重复结构（Repetitive structure）
	交叉结构（Crossed structure）
	网格结构（Grid structure）

续表

类别	对该类别的描述
结构 （Construction）	径向结构（Radial structure）
	分散结构（Dispersed structure）
	渐变结构（Gradated structure）
	重点结构（Emphasized structure）
	阶梯结构（Step-like structure）
	螺旋结构（Spiral structure）
	堆积结构（Stacked structure）
	网络结构（Network structure）
	断裂结构（Fractured structure）
	空间结构（Spatial structure）
	循环结构（Circular structure）
	线性结构（Linear structure）
镜头 （Lens）	长焦（Telephoto）
	广角（Wide-angle）
	望远（Zoom）
	鱼眼（Fisheye）
	微距（Macro）
	运动（Action）
	远景（Long shot）
	近景（Close-up）
	俯视角度（Bird's-eye view）
	仰视角度（High-angle view）
	全景（Panorama）

5.2.5　常用后缀名关键词归纳

前文中列举了多种用于形容图片内容的关键提示词，除此之外，Midjourney 还可通过一系列后缀参数对图片进行更精确的调控，后缀参数的基本结构为 "-- 后缀名＋空格＋参数值"（均采用小写，如 --ar），下面将对常用后缀名关键词进行归纳，如表 5-7 所示。

表 5-7　常用后缀名关键词

名称	形式	释义	建议值
一、基本参数			
宽高比（Aspect Ratios）	--ar	改变生成图片的宽高比	建议取值小于 2:1，可取常规比例，如 -- ar 16:9、-- ar 4:3
	--aspect		
混乱（Chaos）	--chaos	改变生成图片结果的多样性，数值越低，生成的结果在风格、构图上越相似；数值越高，生成的结果在风格、构图上差异越大	建议取值：0～100，如 -- chaos 65
图像权重（Image Weight）	-- iw	设置图像提示词权重与文本权重的关联度	建议取官方默认值 0.25，使用过程中不用另行输入
没有（No）	-- no	排除内容	建议输入需排除的关键词，如 -- no plants，生成图片将排除植物元素
质量（Quality）	-- q	改变图片渲染花费的时间，进而改变图片质量，值越大，使用的 GPU 分钟数越多；值越小，使用的 GPU 分钟数越少	建议取值：.25、.5、.1，如 -- q .25
	-- quality		
重复（Repeat）	-- repeat	通过单个提示创建多个作业，对于快速多次重复运行一个作业很有用	取值数代表重复作业的次数，建议取值：1～40，如 -- r 25
	-- r		
种子（Seed）	-- seed	种子参数是为每个图像随机生成的，但可以用 sameseed 或 seed 参数指定。使用相同的种子数和提示符将产生相似的最终图像	具体使用方法将在 5.3.4 小节中详细介绍
停止（Stop）	-- stop	在图片生成过程中停止作业，以较小的数值停止作业可能会产生更模糊、更不详细的结果	建议取值：10～100 的整数，如 -- stop 60

续表

名称	形式	释义	建议值
风格 （Style）	-- style	切换模型的生成风格	-- style raw，风格在模型版本 5.1 之间切换 -- style 4a/4b/4c，风格在模型版本 4 之间切换 -- style cute/expressive/scenic，风格在 Niji 模型版本 5 之间切换
风格化 （Stylize）	-- stylize -- s	影响默认美学风格在作业中的应用程度。数值越低，越符合提供给 Midjourney 的提示词；数值越高，AI 自由发挥的空间越大	建议取值：0~1000，如 -- s 950
平铺 （Tile）	-- tile	参数生成的图像可以重复平铺来创建无缝的图案	作为后缀使用
二、模型版本参数			
Niji	-- niji	专注于动画风格的模型	作为后缀使用
Version	-- version -- v	使用不同版本的 Midjourney 算法版本	建议取值：1/2/3/4/5，如 -- v 4

5.3 Midjourney 生图方法

在实际应用中，Midjourney 通常采用以下三种图片生成方法。

（1）图生图：该方法是通过上传图片来生成新的图片，平台会根据上传的图片和简单提示词进行成图输出。

（2）文生图：该方法是通过输入提示词来生成图片，平台会根据提示词进行成图输出。

（3）混合生图：该方法是通过上传图片并输入复杂提示词来生成新的图片，平台会根据上传的内容进行成图输出，将图片和文字结合起来。

下面将分别对这三种方法进行讲解。

5.3.1　图生图

本小节将详细介绍图生图的步骤和方法，旨在帮助读者快速上手进行图生图 AI 图片创作。

第1步 ▶ 准备一张自己喜欢的图片，格式不限，此处我们用一张兔子的 jpg 图片作为示例，如图 5-27 所示。

图 5-27　原始图片

第2步 ▶ 登录 Midjourney 服务器，在服务器底部的对话框中，双击 ⊕ 按钮，弹出文件选择框，如图 5-28 所示。

图 5-28　弹出文件选择框

第3步 ▶ 在文件选择框中选择准备好的图片，并按 "Enter" 键上传图片，图片上传完成后将出现在对话窗口中，如图 5-29 所示。

图 5-29　上传图片

第4步 ▶ 单击放大上传的图片，在放大后的图片上右击，弹出选项菜单，选择 "复制图片地址" 选项，如图 5-30 所示。

图 5-30　复制图片地址

第5步 ▶ 回到底部的对话框，输入 "/imagine" 指令，按 "Enter" 键，出现 "prompt" 文本框，在 "prompt" 文本框中粘贴复制的图片地址，同时输入一个或多个提示词，按 "Enter" 键上传，如图 5-31 所示。

⚠ **温馨提示**　去掉图片地址中"jpg"之后的内容，如将 https://……74/R.jpg?××××编辑
为 https://……74/R.jpg。

图 5-31　输入图片地址及提示词

第6步 ▶ Midjourney 将生成四张初始图片，如图 5-32 所示。

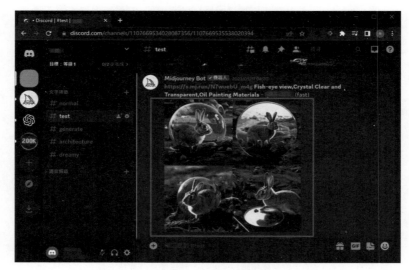

图 5-32　生成初始图片

第7步 ▶ 单击初始图片下方的"V3"按钮，Midjourney 将对第三幅图片进行
自动变化，如图 5-33 所示。

图 5-33　变化初始图片

第8步 ► 单击变化得到的图片下方的"U3"按钮，Midjourney 将对第三幅图片进行自动升档处理，丰富图片细节并输出为单张图片，如图 5-34 所示。

⚠ **温馨提示**　升档：Midjourney 会为每个作业生成一组低分辨率的图片，可以使用升频器（Upscaler）放大某张图片并增加细节，这个操作称为升档。

图 5-34　变化后的图片升档

> ⚠ **温馨提示**　此时若对图片效果不满意，可重复第7步、第8步，对图片多次变化，直至得到满意的图片。

第9步 ▶ 得到满意的图片后，单击图片放大，单击放大后图片下方的"在浏览器开启"按钮，跳转至新窗口预览，如图5-35所示，在新窗口中的高清图片上右击，选择"图片另存为"选项保存图片。

> ⚠ **温馨提示**　因AI图片生成的随机性及操作系统环境不同，读者实操所得图片可能与本书示例有差异。

图 5-35　放大图片

5.3.2　文生图

本小节将详细介绍文生图的步骤和方法，旨在帮助读者快速上手进行文生图AI图片创作。

第1步 ▶ 登录Midjourney服务器，在底部的对话框中输入"/imagine"指令，按"Enter"键，出现"prompt"文本框，在"prompt"文本框中输入一个或多个提示词，如图5-36所示，按"Enter"键上传。

> ⚠ **温馨提示**　此处我们查阅5.2节中的关键词及常用后缀参数，对其进行组合应用，输入"prompt"文本框的文字内容为"a cat,watercolor style,transparent,warm tones,vibrant,graceful,three-point perspective,--s60,--c50,--v5 –"。读者可多尝试不同的关键词及后缀参数组合，发掘自己喜欢的AI作品风格。

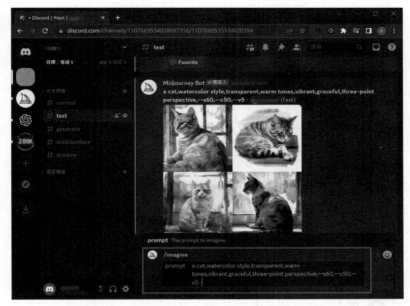

图5-36　输入提示词

第2步　Midjourney将生成四张初始图片，如图5-37所示。

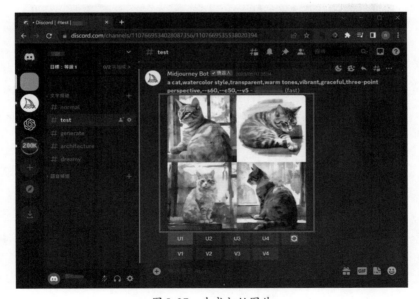

图5-37　生成初始图片

第3步　单击初始图片下方的"V1"按钮，Midjourney将对第一幅图片进行自动变化，如图5-38所示。

图 5-38　变化初始图片

第4步 ▶ 单击变化得到的图片下方的 "U3" 按钮，Midjourney 将对第三幅图片进行自动升档处理，丰富图片细节并输出为单张图片，如图5-39所示。

图 5-39　变化后的图片升档

！温馨提示 此时若对图片效果不满意，可重复第3步、第4步，对图片多次变化，直至得到满意的图片。

第5步 ▶ 得到满意的图片后，单击图片放大，单击放大后图片下方的"在浏览器开启"按钮，跳转至新窗口预览，如图 5-40 所示。

图 5-40 放大图片

第6步 ▶ 在新窗口的高清图片上右击，选择"图片另存为"选项保存图片，如图 5-41 所示。

图 5-41 保存高清图片

5.3.3 混合生图

混合生图是一种结合了图生图和文生图的方法，它在生成图片的过程中反复引用图片和文字进行调试。

具体而言，我们可以先上传一张或多张图片，然后输入提示词，系统会根据这些信息，初步生成四张图片。我们可以选择其一进行细节扩展和版本修改，之后再次引用为参考图片生成新图调试，直到得到我们满意的结果为止。

混合生图充分利用了 AI 的生成功能，将图片和文字相互引用，进一步增加了创作的灵活性和个性化。通过不断地尝试和调整，我们可以创作出与我们意图最贴合的作品。混合生图的具体操作如下，读者可以根据需求灵活变换步骤。

第1步 ● 准备一张或多张图片素材，上传至 Midjourney，如图 5-42 所示。

图 5-42　上传图片至 Midjourney

⚠ **温馨提示**　图片上传步骤同 5.3.1 节中第 1 步至第 3 步。

第2步 ● 在底部对话框中输入"/imagine"指令，将已上传的图片地址分别复制到"prompt"文本框内，各个地址间用空格分隔，同时在地址后输入提示词，按"Enter"键上传，如图 5-43 所示。

⚠ **温馨提示**　图片地址复制步骤同 5.3.1 节中第 4 步。此处提示词内容为"Surrealism Style, Vivid, Stern, Dim, Mysterious, Asymmetrical structure, --s750, --c80, --v5 -"。

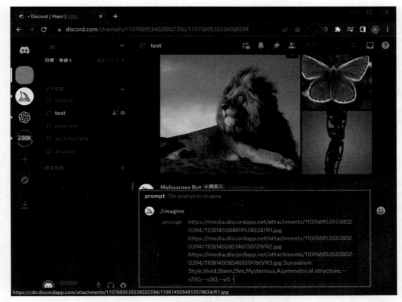

图 5-43 输入图片地址及提示词

第3步 ▶ Midjourney将生成四张初始图片，如图5-44所示。

图 5-44 生成初始图片

第4步 ▶ 单击初始图片下方的"V1"按钮，Midjourney将对第一幅图片进行自动变化，如图5-45所示。

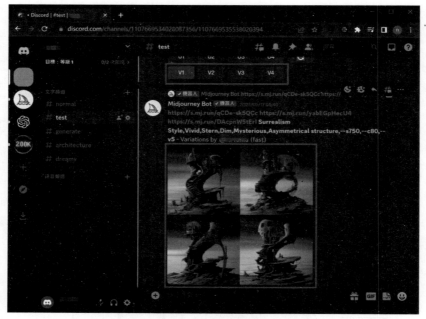

图5-45　变化初始图片

第5步 单击变化得到的图片下方的"U1"按钮，Midjourney将对第一幅图片进行自动升档处理，丰富图片细节并输出为单张图片，如图5-46所示。

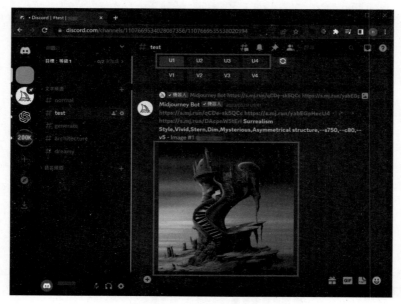

图5-46　变化后的图片升档

第6步 ► 单击第5步中的图片放大，复制图片地址，然后在底部对话框中输入"/imagine"指令，将图片地址复制到"prompt"文本框内，输入新的提示词"Transparent Watercolor,Rich Texture"，如图5-47所示，按"Enter"键上传。

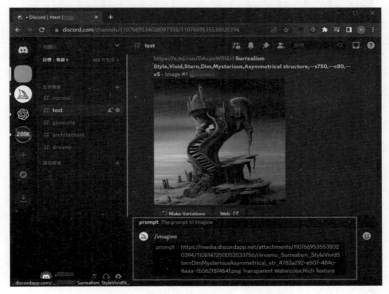

图 5-47　输入新的图片地址及提示词

第7步 ► Midjourney将重新生成四张初始图片，如图5-48所示。

图 5-48　重新生成初始图片

第8步 ▶ 此时新生成的初始图片已基本达到我们想要的效果，直接单击"U2"
按钮，对第二张图片进行升档处理，丰富细节并输出图片，如图5-49所示。

图 5-49　初始图片升档

第9步 ▶ 得到满意的图片后，单击图片将其放大，单击放大后图片下方的"在
浏览器开启"按钮，跳转至新窗口预览，如图5-50所示。

图 5-50　放大图片

第10步● 在新窗口的高清图片上右击，选择"图片另存为"选项保存图片，如图 5-51 所示。

图 5-51 保存高清图片

5.3.4 Midjourney seed 种子应用

seed 参数是 Midjourney 为每张图片随机生成的，使用相同的 seed 参数和提示词将产生相似的最终图片。当我们需要微调已生成的图片时，seed 参数可以帮助产生更加稳定和可控的结果。

接下来将详细介绍如何读取和应用 seed 参数，旨在帮助读者更加熟练地将其运用到 AI 图片创作过程中。通过掌握 seed 参数的应用，读者将能够更加灵活地调整和定制生成的图片，使其符合个人的创作意图。

1. seed 种子参数读取

Midjourney 默认状态下不显示 seed 参数，如果我们想要使用 seed 参数，需要进行一系列操作来读取参数。

第1步● 选定一幅已生成的初始图片（四宫格形式），将鼠标指针移至图片对话框右侧空白区域，对话框右上角出现选项栏，如图 5-52 所示。

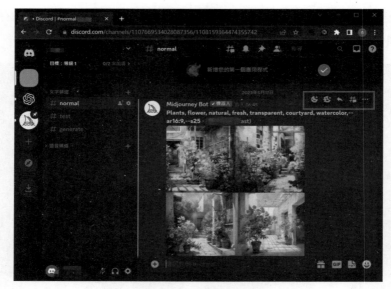

图 5-52　对话框选项栏

第2步 单击选项栏中的"加入反应"按钮，在弹出的搜索栏输入"envelope"进行搜索，并在搜索结果中单击"envelope"按钮，如图 5-53 所示。

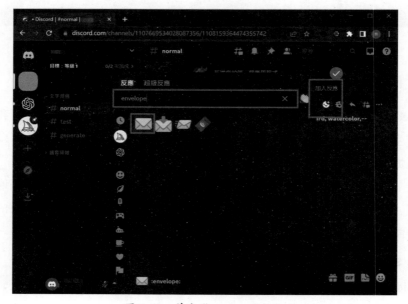

图 5-53　单击"envelope"按钮

第3步 此时左侧菜单栏顶部的用户头像下方出现红色未读消息提醒，如图 5-54 所示，单击该按钮进行消息读取。

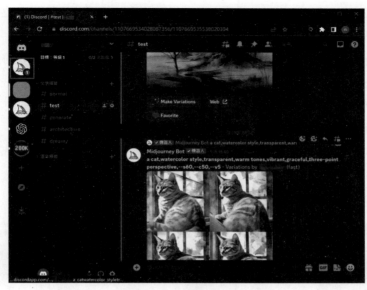

图 5-54 未读消息提醒

第4步 单击消息提醒按钮后，进入私人讯息页面读取 seed 参数，并复制备用，如图 5-55 所示。

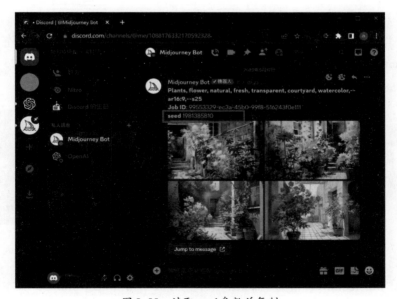

图 5-55 读取 seed 参数并复制

2. seed 参数运用

seed 参数可以提高 Midjourney 生图的可控性，前文中我们已经读取了原始图片的seed参数，接下来我们将以不同材质关键词作为提示词，重复5.3.2节中的步骤，对原始图片的水彩材质进行替换。

通过前文可知，读取的seed参数为"--seed 1981385810"，读取的提示词为"plants, flower, natural, fresh, transparent, courtyard, watercolor, --ar16:9, --s25"，下面我们对单个提示词"watercolor"进行替换。

（1）油画提示词替换

将"watercolor"替换为"oil painting"（不区分大小写），在"prompt"文本框中输入"plants, flower, natural, fresh, transparent, courtyard, oil painting, --ar16:9, --s25, --seed 1981385810"生成图片，如图5-56所示。

图5-56　油画材质

（2）铅笔画提示词替换

将"watercolor"替换为"pencil"（不区分大小写），在"prompt"文本框中输入"plants, flower, natural, fresh, transparent, courtyard, pencil, --ar16:9, --s25, --seed 1981385810"生成图片，如图5-57所示。

图5-57　铅笔画材质

（3）草图提示词替换

将"watercolor"替换为"sketch"（不区分大小写），在"prompt"文本框中输入"plants, flower, natural, fresh, transparent, courtyard, sketch, --ar16:9, --s25, --seed 1981385810"生成图片，如图5-58所示。

图 5-58　草图材质

5.4 实战：ChatGPT生图实战案例

前文中详细介绍了图生图、文生图和混合生图的操作方法。在 ChatGPT 的生图实战案例中，我们将从文生图开始，事先调试一组基础图片，然后运用 seed 参数来辅助控制变量，从而生成具有不同风格的全新图片。

5.4.1　关键词提炼与基础图生成

本小节中的操作将分两个步骤进行，先通过 ChatGPT 进行关键词提炼，再将关键词输入 Midjourney 进行图片生成。

1. ChatGPT提炼关键词

我们借用古诗词让 ChatGPT 进行静态照片描述改写，再提取关键词翻译为英文，筛选并调整提示词后，用于 Midjourney 进行图片生成。

> 🔟 **输入提示词：**　改写"日暮苍山远，天寒白屋贫，柴门闻犬吠，风雪夜归人"为静态照片描述，约200字。

> ⑤ **ChatGPT：**　　一张宁静而又寂寥的照片，画面上有一座简陋的白色房屋。房屋孤独地矗立在苍山之下，天色渐渐暗淡，夕阳的余晖渐渐消失。天寒地冻，屋内显得十分贫瘠。此时，柴门微微开启，透出一丝暖意，而从屋内传出的犬吠声更加彰显出这份温暖。这时，一位归人踏着白雪走来，肩上背着沉重的行囊，脸上挂满了疲惫和坚定。风雪中的他看起来孤独而又坚强，是这寂寥画面中的一道亮光。在这张照片中，归人身形成为整幅画面的中心，与寂静的自然景象相互映衬，让人不禁沉思。

> 🔟 **输入提示词：**　请提取其中关键词用于图片描述，以逗号间隔。

> ⑤ **ChatGPT：**　　宁静，寂寥，简陋，白色房屋，苍山，暗淡，夕阳余晖，天寒，贫

瘠，柴门，犬吠声，温暖，归人，白雪，疲惫，坚定，孤独，坚强，寂寥画面，中心，自然景象，沉思。

↻ 输入提示词： 翻译为英文。

⟁ ChatGPT： Tranquil, desolate, humble, white house, distant mountains, dimming sky, fading sunset glow, chilly weather, impoverished, wooden door, sound of barking dogs, warmth, returning traveler, white snow, weary, determined, lonely, resilient, poignant scene, focal point, natural scenery, contemplation.

2. Midjourney 生成基础图片

将 ChatGPT 的描述用作 Midjourney 的提示词，并在末尾加上镜头和照片类关键词。

第1步▶ 在 Midjourney 底部对话框中输入"/imagine"指令，按"Enter"键进入"prompt"文本框，在"prompt"文本框中输入"Tranquil, desolate, humble, white house, distant mountains, dimming sky, fading sunset glow, chilly weather, impoverished, wooden door, sound of barking dogs, warmth, returning traveler, white snow, weary, determined, lonely, resilient, poignant scene, focal point, natural scenery, contemplation, canon RF 16mm f: 2.8 STM lens, hyperrealistic photography"，按"Enter"键确认，如图 5-59 所示。

图 5-59　输入提示词

第2步 ▶ Midjourney生成初始图片，如图5-60所示。

图 5-60　生成初始图片

第3步 ▶ 参考5.3.4小节的步骤，获取该图seed参数，如图5-61所示，用于后续不同风格的图片生成。

图 5-61　seed 参数读取

5.4.2 案例一：油画

本小节将运用前文读取的 seed 参数控制变量，更换"prompt"关键词，将其变换为油画。

第1步 ▶ 读取 seed 参数值：--seed 2898945885。

第2步 ▶ 在 Midjourney 底部对话框中输入"/imagine"指令，按"Enter"键进入"prompt"文本框，在"prompt"文本框中输入"Tranquil, desolate, humble, white house, distant mountains, dimming sky, fading sunset glow, chilly weather, impoverished, wooden door, sound of barking dogs, warmth, returning traveler, white snow, weary, determined, lonely, resilient, poignant scene, focal point, natural scenery, Oil Painting Materials,--seed 2898945885-"。

第3步 ▶ Midjourney 根据提示词和后级参数生成初始图片，如图 5-62 所示。

图 5-62　生成初始图片

第4步 ▶ 单击初始图片下方的"V4"按钮，Midjourney 将对第四幅图片进行自动变化，如图 5-63 所示。

图 5-63　变化初始图片

第5步 单击变化得到的图片下方的 "U3" 按钮，Midjourney 将对第三幅图片进行自动升档处理，丰富图片细节并输出为单张图片，如图 5-64 所示。

图 5-64　变化后的图片升档

第6步 ▶ 得到满意的图片，单击放大图片，单击放大后图片下方的"在浏览器开启"按钮，跳转至新窗口预览，在新窗口中的高清图片上右击，选择"图片另存为"选项保存图片，如图 5-65 所示。

图 5-65 案例一：油画

5.4.3 案例二：水彩画

本小节将运用前文读取的 seed 参数控制变量，更换"prompt"关键词，将其变换为水彩画。

第1步 ▶ 读取 seed 参数值：--seed 2898945885。

第2步 ▶ 在 Midjourney 底部对话框中输入"/imagine"指令，按"Enter"键进入"prompt"文本框，在"prompt"文本框中输入"Tranquil, desolate, humble, white house, distant mountains, dimming sky, fading sunset glow, chilly weather, impoverished, wooden door, sound of barking dogs, warmth, returning traveler, white snow, weary, determined, lonely, resilient, poignant scene, focal point, natural scenery, Watercolor Materials,--seed 2898945885-"。

第3步 ▶ Midjourney 根据提示词和后缀参数生成初始图片，如图 5-66 所示。

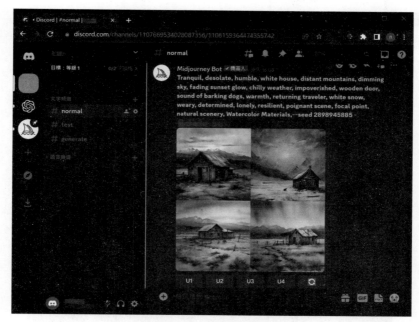

图 5-66　生成初始图片

第4步 ▶ 单击初始图片下方的 "V3" 按钮，Midjourney将对第三幅图片进行自动变化，如图5-67所示。

图 5-67　变化初始图片

第5步 ▶ 单击变化得到的图片下方的"U2"按钮，Midjourney将对第二幅图片进行自动升档处理，丰富图片细节并输出为单张图片，如图5-68所示。

图 5-68　初始图片升档

第6步 ▶ 得到满意的图片后，单击放大图片，单击放大后图片下方的"在浏览器开启"按钮，跳转至新窗口预览，在新窗口中的高清图片上右击，选择"图片另存为"选项保存图片，如图5-69所示。

图 5-69　案例二：水彩画

5.4.4　案例三：创意图

本小节将运用前文读取的 seed 参数控制变量，更换"prompt"关键词，将其变换为创意图。

第1步 ▶ 读取 seed 参数值：--seed 2898945885。

第2步 ▶ 在 Midjourney 底部对话框中输入"/imagine"指令，按"Enter"键进入"prompt"文本框，在"prompt"文本框中输入"Surrealism Style,Tranquil, desolate, humble, white house, distant mountains, dimming sky, fading sunset glow, chilly weather, impoverished, wooden door, sound of barking dogs, warmth, returning traveler, white snow, weary, determined, lonely, resilient, poignant scene, focal point, natural scenery, creative,--s900 ,--c95,--seed 2898945885--"。

第3步 ▶ Midjourney 根据提示词和后缀参数生成初始图片，如图 5-70 所示。

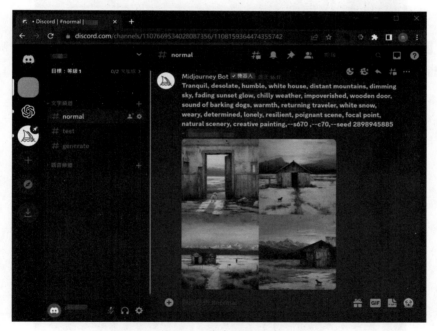

图 5-70　生成初始图片

第4步 ▶ 单击初始图片下方的"V1"按钮，Midjourney 将对第一幅图片进行自动变化，如图 5-71 所示。

⚠ **温馨提示**　该变化步骤可重复操作数次，直至得到想要的图片。

图 5-71　变化初始图片

第5步 ▶ 单击变化得到的图片下方的"U1"按钮，Midjourney 将对第一幅图片进行自动升档处理，丰富图片细节并输出为单张图片，如图 5-72 所示。

图 5-72　初始图片升档

第6步 ▶ 得到满意的图片后，单击放大图片，单击放大后图片下方的"在浏览器开启"按钮，跳转至新窗口预览，在新窗口中的高清图片上右击，选择"图片另存为"选项保存图片，如图 5-73 所示。

图 5-73 案例三：创意图

本章小结

本章介绍了结合 ChatGPT 进行图片生成的方法和工具。首先，介绍了 AI 绘画领域中的主流工具，并重点介绍了两个主要的 AI 绘图工具：Midjourney 和 Stable diffusion，探讨了它们各自的特点、功能及在图片生成中的应用。然后，详细介绍了 Midjourney 平台的基本功能和特点、Midjourney 的功能指令操作及使用 Midjourney 进行图片生成的方法。最后，进行了几个实战案例演示。通过学习本章内容，读者可以了解 AI 绘画领域的主流工具，掌握 Midjourney 的功能和应用方法，效仿 ChatGPT 辅助图片生成的实战案例，在实际操作中加以运用。

下一章中，我们将继续探索 ChatGPT 在视频制作领域的应用。

第6章

用 ChatGPT 生成视频

本章导读

AI 视频创作是将人工智能技术与视频制作相结合的领域，通过智能系统和算法，以自动化方式生成具有创意和精美特效的视频，为视频制作引入了全新的工具和方法，从而提高制作效率并降低成本。

在 AI 视频的制作过程中，ChatGPT 作为强大的语言模型，能够参与视频的文案创作、故事情节设计及角色对话编写等环节。我们通过与 ChatGPT 的交互，快速获取灵感并构建视频框架，同时根据自己的审美和需求对 ChatGPT 的输出内容进行调整和优化，这种方式让我们得以更好地利用 AI 技术，提升视频创作的质量和独特性。

本章将介绍结合 ChatGPT 进行视频制作的方法和工具应用。6.1 节将介绍 AI 视频制作的主流工具，重点介绍主流软件剪映和主流平台 D-id，并对它们的区别与特色进行比较。6.2 节和 6.3 节将详细介绍剪映软件和 D-id 平台的操作步骤，包括客户端安装、文案与素材准备，以及视频调整与生成等。6.4 节将提供实战案例，展示如何在 AI 视频制作中运用 ChatGPT，通过演示生成过程和结果，帮助读者更好地理解和应用 ChatGPT。

通过学习本章内容，读者将了解 AI 视频制作领域的主流工具，学会使用剪映软件和 D-id 平台进行视频制作，并掌握在实际项目中运用 ChatGPT 的方法和技巧。

6.1 AI视频制作主流工具介绍

随着人工智能技术的快速发展，AI 视频制作工具层出不穷，下面将介绍几款较为主流的 AI 视频制作工具，帮助大家对这些工具有一个初步的了解。

（1）剪映：剪映是由字节跳动开发的一款视频编辑工具，拥有全面的剪辑功能，支持变速，有多种滤镜和美颜效果及丰富的曲库资源。

（2）D-id：D-id 是一款操作简便的 AI 智能视频制作工具，主要针对 "Text-to-video"（文字转视频）进行产品研发，即利用生成式 AI 技术，从文本或图片中生成逼真的数字人，从而降低视频制作的成本和复杂度，现面向大众提供 Web 版数字人生成服务。

（3）腾讯智影：腾讯智影是腾讯开发的一款云端智能视频创作工具，无须下载，可通过 PC 浏览器访问，支持视频剪辑、素材库、文本配音、数字人播报、自动识别字幕等功能，帮助用户更好地进行视频化的表达。

（4）Synthesia：Synthesia 是一款基于人工智能技术的视频生成软件，它可以将文本转化为逼真的演讲视频。用户输入文本内容，选择合适的虚拟主持人或演讲者，并自定义演示风格、语调和表情，软件会自动合成并生成一段仿真的视频，让虚拟主持人或演讲者以生动的方式呈现文本内容。

（5）Steve AI：Steve AI 是一个利用人工智能技术提供自动化视频编辑、动画生成等功能的平台，用户能够在不用过多手动操作的情况下，通过文字转视频、文字转音频等方式，制作出专业水平的视频。

这些 AI 视频制作工具各具特色，满足了不同用户的需求。接下来，我们将对当下主流视频制作软件剪映和数字人生成平台 D-id 进行详细介绍，以便读者更好地了解它们的功能和用途。

6.1.1　视频制作软件剪映

剪映是一款由字节跳动发布，功能强大的视频制作软件，旨在为用户提供简单、直观且高效的视频编辑体验。无论是专业的视频制作人员还是普通用户，剪映都为他们提供了丰富的工具和功能，使他们能够轻松剪辑、美化和分享自己的视频内容。剪映的用户界面简洁易用，适合各种技能水平的用户快速入门使用，如图 6-1 所示。

图 6-1　剪映用户界面

以下是剪映的主要功能与特点。

（1）视频剪辑与拼接：剪映允许用户对导入的视频素材进行剪辑和拼接，用户可以调整视频片段时长及顺序，并添加效果进行平滑过渡，以制作流畅的视频。

（2）滤镜和特效：剪映提供多种滤镜和特效，让用户能够改变视频的外观和风格，用户可以根据自己的需求和喜好，为视频添加颜色滤镜、光效、转场动画等，增强视觉效果。

（3）音乐和音效：剪映内置了丰富的音乐库和音效库，用户可以轻松添加背景音乐或特定音效来增强视频的氛围及烘托情感。

（4）文字和字幕：用户可以在视频中添加文字和字幕，自定义字体、颜色、位置和动画效果，为视频提供更多信息、注释或创造更好的视觉效果。

（5）调整视频速度：剪映允许用户加快或减慢视频的播放速度，创造慢动作或快进效果，使视频更具吸引力和创意。

（6）一键生成视频：剪映提供多种预设模板和风格，用户可以选择并应用于自己的视频，以快速生成专业水平的视频作品。

（7）文字转视频：剪映将当下火热的AI技术应用于视频生成，用户可以将文字内容粘贴至软件图文生成窗口中，进行AI视频生成。

（8）导出和分享：完成编辑后，用户可以将视频导出为高质量的文件，并直接分享到社交媒体平台、云存储或其他应用程序，与他人分享自己的作品。

总的来说，剪映是一款强大而易用的视频编辑软件，为用户提供了丰富的功能和创作工具，使用户能够轻松地剪辑、美化和分享自己的视频内容。不论是在简单的日常剪辑中还是在专业级的视频制作中，剪映都能满足用户的需求，并帮助用户创作出令人印象深刻的视频作品。

6.1.2 数字人生成平台D-id

D-id是一家提供生成式AI技术的公司，专注于帮助营销、教育、开发和CX（顾客体验）领域的专业人士及内容创作者提升视频内容。该平台操作简便，主要注重"Text-to-video"（文字转视频）功能，即利用生成式AI技术，从文本或图片中生成逼真的数字人，从而降低视频制作的成本和复杂度。

D-id平台现面向大众提供Web版数字人生成服务，其用户界面如图6-2所示。

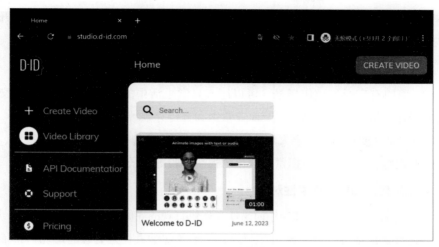

图 6-2　D-id 用户界面

以下是 D-id 的主要功能与特点。

（1）文字转视频：根据用户提供的文字描述及文案，进行 AI 数字人生成，生成的数字人具有面部表情、口型匹配及声音。

（2）静态图片转视频：将用户提供的静态照片转换为逼真的虚拟数字人，这些数字人具有面部表情、口型匹配及声音。

D-id 数字人生成的优势在于它操作的简便性，以及数字人面部表情与声音的匹配性，使得用户能够轻松地使用这款 AI 智能视频工具，通过简单的操作将静态照片及文本转换为动态的、逼真的视频内容。

6.1.3　剪映和 D-id 的区别与特色

在 AI 视频生成的实际操作中，用户通常会同时使用多个平台来达到不同的创作目的。在本节中，我们选择了剪映和 D-id 进行对比，以帮助读者根据自身需求进行选择。这两个平台各有优势，通过对比它们的特点和功能，读者可以更好地理解它们的差异，并根据自己的需求选择使用。

1. 功能和用途对比

（1）剪映的功能包括视频剪辑和拼接、滤镜和特效、音乐和音效、文字和字幕、调整视频速度、一键生成视频等。其主要用途是进行视频编辑和制作，适用于个人和专业用户创作各种类型的视频内容。

（2）D-id 的主要功能是文字转视频和静态图片转视频，利用生成式 AI 技术将文本或静态图片转换为逼真的虚拟数字人视频。主要用途是为营销、教育、开发和CX领域的专业人士及内容创作者提供数字人生成服务。

2. 使用场景对比

（1）剪映有广泛的使用场景，可以用于日常生活中的简单视频剪辑、社交媒体内容制作、抖音视频创作，以及商业营销和宣传等领域。

（2）D-id主要适用于数字人形式视频，用以创建宣传视频、教育培训视频、交互式学习内容，以及为客户提供个性化的视频体验等场景。

3. 用户体验和操作简易性对比

（1）剪映注重用户体验和操作简易性，提供直观的界面和易于上手的编辑工具，使用户能够快速地进行视频编辑和制作，无论是初学者还是有经验的用户都能轻松上手。

（2）D-id也注重操作简易性，通过简单的步骤将文本或静态照片转换为虚拟数字人视频，使用户能够轻松地利用AI技术创建逼真的视频内容，无须复杂的技术知识或专业技能。

综合来说，剪映适用于广泛的视频编辑场景，注重用户体验和操作简易性；而D-id主要用于虚拟数字人视频。具体选择哪个工具取决于用户的具体需求和使用场景。

6.2 剪映+ChatGPT生成视频

剪映是一款功能丰富且全面的视频剪辑软件，为用户提供了多种强大的功能，包括AI视频生成、脚本编写、特效处理、配乐和字幕匹配等。本节将帮助读者了解剪映客户端安装、账号注册、文案素材准备及视频生成的方法，结合ChatGPT进行前期文字准备，并重点应用剪映的AI视频生成功能。

6.2.1 客户端的安装

要使用剪映的AI视频生成功能，需要先在其官方网站下载并安装剪映客户端，本书将以Windows版客户端为例，为读者演示操作步骤。

第1步 ▶ 进入剪映官网，如图6-3所示，单击首页中心的"立即下载"按钮，下载剪映客户端安装程序。

图 6-3　剪映官网

第2步 ▶ 在计算机本地文件中找到第1步下载的安装程序，双击鼠标左键运行安装程序，如图6-4所示。

图 6-4　运行安装程序

第3步 ▶ 在安装程序界面中勾选"同意剪映专业版的用户许可协议及隐私政策"选项，单击"立即安装"按钮，进行客户端安装，如图6-5所示。

图 6-5　客户端安装

⚠ **温馨提示**　此处读者若需要更改软件安装的位置，单击"更多操作"按钮，在弹出的地址栏中设置安装位置后，再单击"立即安装"按钮即可。

第4步 ▶ 剪映客户端安装完成后，显示界面将自动跳转，如图6-6所示，单击"立即体验"按钮，等待软件进行系统环境检测。

图6-6 客户端安装完成

第5步 ▶ 系统环境检测将自动进行，无须额外操作，待检测完成后，进入剪映操作界面，如图6-7所示。

图6-7 剪映操作界面

6.2.2 账户注册及登录

剪映是字节跳动开发的主要服务于抖音平台的视频剪辑软件，其登录方式为抖音账户绑定登录，因此我们需要先注册抖音账户，再进入剪映客户端登录。接下来将为读者介绍账户注册及登录的操作步骤。

第1步 ▶ 进入抖音官网，如图6-8所示，单击首页右上角的"登录"按钮，进入账户登录页面。

第2步 ▶ 在登录页面选择"验证码登录"选项，填写手机号并获取验证码，填写验证码后勾选"同意用户协议和隐私政策"复选框，单击"登录/注册"按钮，系统将自动注册抖音账户，如图6-9所示。

图6-8　抖音官网　　　　　　　　　　图6-9　抖音账户注册

第3步 ▶ 返回前文已打开的剪映软件，单击"点击登录账户"按钮，进行账户登录操作，如图6-10所示。

图6-10　剪映软件登录

第4步 ▶ 在账户登录界面输入手机号发送验证码，输入验证码后，单击"抖音授权登录"按钮登录，如图6-11所示。

!温馨提示 已有抖音账号且已安装抖音手机版的读者，可以直接进入此界面扫码登录，如图6-12所示。

图6-11 手机验证码登录　　　　　　　图6-12 手机扫码登录

6.2.3 文案与素材准备

前文中已成功登录剪映客户端，接下来我们将以对话形式，运用ChatGPT进行文案与素材准备。

> 提示词： 我需要制作一条发布于抖音的视频，请给我主题建议。

ChatGPT： 当然！以下是一些适合发布在抖音上的视频主题建议。

搞笑挑战：尝试一些有趣的挑战，如舞蹈、音乐、滑板、跳跃或唱歌挑战，通过展示你的技能和幽默感来吸引观众。

旅行日记：如果你最近曾去过一个有趣的地方，可以制作一个旅行日记视频，展示景点、美食和当地文化，让观众感受你的旅行经历。

美食探索：制作一个关于美食的视频，可以是自己制作美食的过程，或者是去餐馆品尝各种美食，分享你的食物探索经历和感受。

动物趣事：如果你有宠物或喜欢动物，可以拍摄一些有趣的动物趣事，展示宠物的可爱行为或与野生动物的互动。

健身挑战：分享一些健身动作或挑战，鼓励观众参与并提高自己的身体素质。

时尚搭配：展示你的时尚搭配技巧，分享穿搭心得或参加时尚活动的视频，给观众一些时尚灵感。

技巧教学：展示一些实用的技能或教学内容，如绘画、手工艺、摄影技巧等，帮助观众学习新的技能。

情感分享：制作一个个人故事或情感分享的视频，可以是鼓励或感人的故事，与观众建立情感共鸣。

无论选择哪个主题，记得保持视频内容简洁、有趣，并尽量使用音乐、特效和字幕等元素来增加吸引力。祝你制作一条受欢迎的抖音视频！

🔟 **提示词：**　请就"旅行日记"进行文案编写。

ChatGPT：　标题：探索世界的旅行日记

文案：

嗨，大家好！我近期有一段令人兴奋的冒险旅程，我想与你们分享我的旅行日记。跟随我的脚步，一起探索世界的美妙之处！

目的地：大自然的怀抱

第一站，我投入了丛林的怀抱。茂密的树木环绕着我，鸟儿在枝头欢快地歌唱。我迷失在绿意盎然的世界中，感受大自然的宁静与活力。

美食之旅：味蕾的奇妙冒险

接下来，我探索了当地的美食文化。我品尝了各种美味佳肴，从街头小吃到传统菜肴，每一道菜都让我回味无穷。这趟美食之旅是我的味蕾的奇妙冒险！

历史遗迹：穿越时光的探险

我走进了历史的殿堂，探索了一座古老城市的遗迹。宏伟的建筑、雄伟的城堡和石头街道，每一个角落都散发着历史的气息。我仿佛穿越了时光，与古人对话。

日落海滩：梦幻之地的浪漫

最后，我来到了一个宜人的海滩，迎接壮丽的日落。金色的阳光洒在海面上，沙滩上有情侣漫步，海浪拍打着礁石。这是一个梦幻之地，让人陶醉其中。

这趟旅行带给我无尽的惊喜和难忘的回忆。旅行不仅让我见识了世界的多样性，还教会了我勇敢面对未知。希望我的旅行日记能激发你的探险精神，勇敢踏上属于你自己的冒险之旅！

感谢你们的关注和支持。记得关注我的账号，我们一起探索世界的奇妙吧！#旅行日记 #探险之旅 #世界奇妙之旅

⚠ **温馨提示**　我们将以此段文案导入剪映进行 AI 视频一键生成，并以此为基础进行下一步讲解。读者也可根据需求准备自己喜欢的文案内容及图片、视频素材，再进行下一小节的操作。

6.2.4　视频的生成与调整

本小节将在前文已生成文案的基础上，为读者演示剪映软件的视频调整与生成，具体操作步骤如下。

第1步　打开剪映软件，单击软件首页的"图文成片"按钮，进入文案输入界面，如图 6-13 所示。

图 6-13　进入文案输入界面

第2步　在文案输入界面中输入已准备好的文案，选择喜欢的"朗读音色"参数，如"萌娃"，单击"生成视频"按钮，进行视频生成，如图 6-14 所示。

图 6-14　视频生成

第3步 ▶ 视频自动生成完成后，跳转进入预览及编辑界面，如图6-15所示。

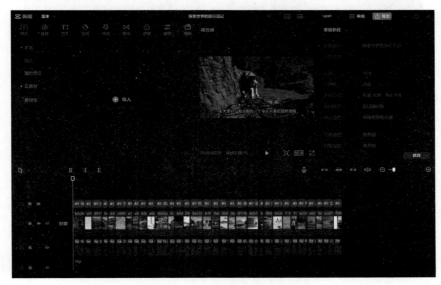

图6-15 视频预览及编辑界面

第4步 ▶ 单击"播放"按钮▶，进行视频的播放及预览，如图6-16所示。

图6-16 视频播放及预览

⚠ **温馨提示** 在视频编辑界面中，读者可以分别对字幕、画面及音频进行调整，操作区域
如图6-17所示。

图 6-17　视频调整操作区域

第5步 ▶ 单击字幕部分需要编辑的片段，右上方参数框同步跳转，在参数框中对相应字幕参数进行调整，单击"保存预设"按钮，完成字幕片段编辑，如图 6-18 所示。

图 6-18　字幕编辑

第6步 ▶ 单击画面部分需要编辑的片段，右上方参数框同步跳转，在参数框中对相应画面参数进行调整，单击"保存预设"按钮，完成画面片段编辑，如图 6-19 所示。

图 6-19　画面编辑

第7步 ▶ 单击配音部分需要编辑的片段，右上方参数框同步跳转，在参数框中对相应配音参数直接调整，完成配音片段编辑，如图 6-20 所示。

图 6-20　配音编辑

⚠️ **温馨提示**　剪映字幕参数、画面参数及配音参数设置的内容较繁复，且软件本身内设文字说明，之后我们将以实战的方式为读者呈现部分操作步骤，不再对参数逐一讲解，感兴趣的读者可以多做尝试，对比差异，找到自己喜欢的参数配置。

第8步 ◆ 各项参数调整完成，再次预览视频，达到令自己满意的效果后，单击软件右上角的"导出"按钮，在弹出的窗口中再次单击"导出"按钮，进行完整视频导出，如图6-21所示。

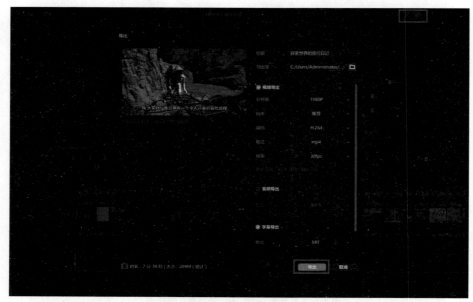

图 6-21　视频导出

6.3　D-id平台+ChatGPT生成视频

D-id 是一个操作简便的AI数字人视频生成平台，专注于将文字描述及静态照片转换为高度逼真的虚拟数字人视频。本节将讲解D-id的账号注册、用ChatGPT进行前期文案准备及视频生成的方法。

6.3.1　账号注册

D-id以 Web网页的形式提供视频生成服务。在进行视频制作之前，我们只需进入官方网站进行账号注册，即可立即开始使用该服务。

第1步 ◆ 进入D-id官网，如图6-22所示，单击首页左下方的"Guest"（访客）按钮，在弹出的小窗口中单击"Login/Signup"（登录/注册）按钮，进入登录页面。

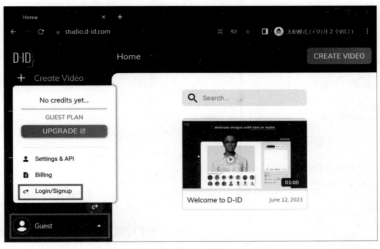

图 6-22　D-id 官网

第2步 ▶ 进入登录页面后，单击"Sign up"（注册）按钮，如图6-23所示，进入注册页面。

⚠ **温馨提示**　已有谷歌账号的读者，此处可直接单击"Continue with Google（用谷歌继续）"按钮登录。

第3步 ▶ 进入注册页面后，在"Email address"（邮箱地址）栏中填写用于注册的邮箱，然后单击"Continue"（继续）按钮，如图6-24所示，进入密码设置页面。

图 6-23　D-id 登录页面

图 6-24　D-id 注册页面

第4步 ● 进入密码设置页面后，在"Password"（密码）栏中输入不少于8个字符且包含数字及大小写英文字母的密码，单击"Continue"按钮，如图6-25所示，提交注册信息。

第5步 ● 注册信息提交后，D-id官方将会向注册邮箱发送一封验证邮件，如图6-26所示。

图 6-25　D-id 密码设置页面

图 6-26　D-id 验证邮件发送通知

第6步 ● 登录注册邮箱，打开验证邮件并单击"Create Your First AI Video"（创建你的第一个AI视频）按钮，如图6-27所示，跳转至D-id操作页面。

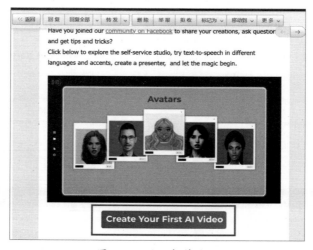

图 6-27　注册邮箱验证

6.3.2　文案与图片准备

前文中已成功注册 D-id 账号，接下来将运用 ChatGPT 和 Midjourney 进行文字及图片素材的准备。

1. 使用 ChatGPT 进行文案编写

> 🔟 **提示词：**　　　我需要进行一场关于 AI 图片创作的演讲，请帮我写一篇 1000 字左右的演讲稿。

⑤ ChatGPT：　　　尊敬的各位嘉宾，女士们、先生们：

大家好！非常荣幸能够在今天这个场合，与大家分享关于 AI 图片创作的内容。如今，人工智能已经渗透到我们生活的各个领域，其中之一便是图片创作。AI 在图片创作方面的突破，不仅改变了传统的创作方式，也为我们带来了无限的想象空间。

首先，让我们回顾历史。在过去，创作一幅精美的画作需要艺术家经过长时间的学习和磨砺。然而，如今的人工智能技术使得图片创作变得更加容易。通过机器学习和深度学习算法，AI 可以分析并学习大量的图像数据，从而生成高质量的图片作品。这种创作方式不仅大大缩短了创作时间，也降低了门槛，让更多的人可以参与到创作中来。

其次，AI 图片创作不仅是简单的复制和模仿，它还能够展现出独特的创意和想象力。AI 算法能够从不同的艺术风格中吸取灵感，并将其融合在一起创造出独特的作品。例如，AI 可以将梵高的画笔风格与毕加索的几何形状相结合，创造出一幅独一无二的艺术作品。这种跨界融合不仅打破了传统的限制，也创造了更多的可能性。

然而，我们也要看到 AI 图片创作所面临的一些挑战和问题。尽管 AI 能够生成高质量的图片，但是它缺乏情感和直觉，无法像艺术家一样真正理解和表达情感。这使得 AI 生成的作品在某种程度上缺乏灵魂和独特性。此外，虽然 AI 可以学习并模仿不同的艺术风格，但是它缺乏创新性和原创性，无法像人类艺术家那样提出全新的创意。因此，我们需要找到一种平衡，将 AI 的创作能力与人类艺术家的独特思维相结合，以创作出更加丰富多样的艺术作品。

尽管如此，AI 图片创作仍然给我们带来了巨大的机遇和潜力。通过 AI 技术，我们可以将创作的门槛降低，让更多的人可以参与到艺术创作中来。AI 还可以帮助艺术家们快速实现自己的创意，加速创作的进程。而对于普通观众来说，AI 图片创作也提供了更多的欣赏角度和体验方式，让艺术走进更多人的生活。

未来，随着技术的不断进步和创新，AI图片创作将继续发展并带来更多的惊喜。我们可以期待看到更多独特、创新的艺术作品出现。同时，我们也需要关注伦理和版权等问题，确保AI创作的合法性和道德性。

最后，我想说的是，无论是人工智能还是人类艺术家，我们都应该相互合作，互相学习。AI可以为艺术创作提供新的思维和工具，而人类艺术家则可以通过自己的情感和独特性赋予作品灵魂。只有在相互交流和合作的基础上，我们才能够创造出更加美丽和丰富多彩的艺术世界。

谢谢大家！

（字数：978字）

2. 使用Midjourney生成虚拟人像图片

第1步 登录Midjourney服务器，在底部的对话框中输入"/imagine"指令，按"Enter"键，出现"prompt"文本框，在"prompt"文本框中输入提示词"A young girl wearing a hat with fresh flowers, captured in a candid photograph against a white background"（一位戴着帽子的年轻女孩，帽子上有鲜花，真实照片，背景白色），按"Enter"键上传生成初始图片，如图6-28所示。

图6-28　Midjourney生成初始图片

第2步 单击初始图片下方的"U4"按钮，对第四幅图片进行升档处理，得到人像图片，保存备用，如图6-29所示。

图 6-29　Midjourney 人像图片

6.3.3　视频生成

本小节将在前文已生成文案及人像图片的基础上，为读者演示 D-id 平台的视频调整与生成，具体操作步骤如下。

第1步 ▶ 进入 D-id 用户首页，如图 6-30 所示，单击"Create Video"（创建视频）按钮，进入视频制作页面。

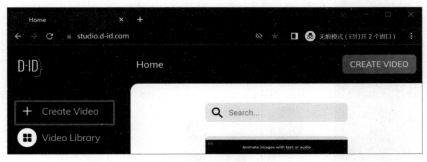

图 6-30　D-id 用户首页

第2步 ▶ 进入视频制作页面后，单击"ADD"按钮●，弹出文件选择框，选择前文已准备好的人像图片上传，上传成功的图片将会出现在预览窗口中，如图 6-31 所示。

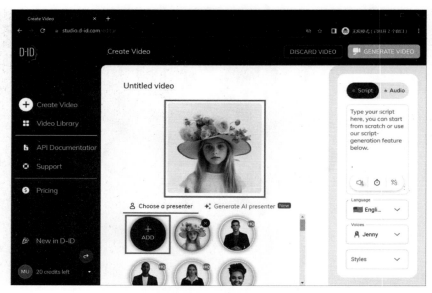

图 6-31　人像图片上传

第3步 ▶ 将前文中运用ChatGPT生成的演讲文案粘贴在"Script"（讲稿）文本框中，如图6-32所示。

图 6-32　输入文案

第4步 ▶ 依次设置数字人的"Language"（语言）、"Voices"（声音）和"Styles"（风格）等参数，如图6-33所示。

图 6-33　数字人设置

第5步 ▶ 设置完成后，单击页面右上角的"GENERATE VIDEO"（生成视频）按钮，如图 6-34 所示，弹出视频生成信息确认选项框。

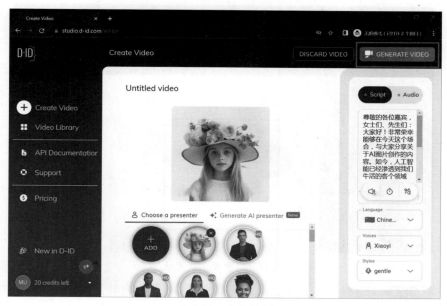

图 6-34　生成视频

第6步 ▶ 核对视频时长及信息，并继续单击"GENERATE"（生成）按钮生成视频，如图6-35所示。

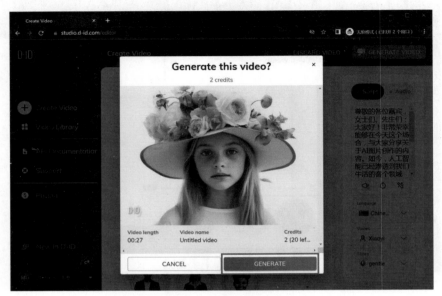

图6-35　视频生成信息确认

第7步▶ 生成的视频将自动出现在用户首页，如图6-36所示。

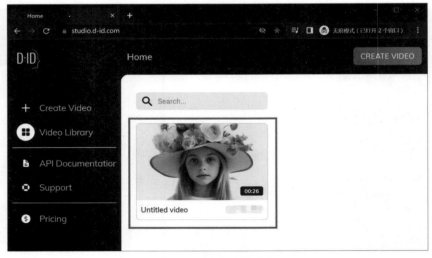

图6-36　视频生成完成

第8步▶ 单击生成的视频，弹出预览窗口，视频将自动开始播放，再单击预览窗口左下方的"DOWNLOAD"（下载）按钮下载视频，如图6-37所示，一个完整的数字人视频就制作完成了。

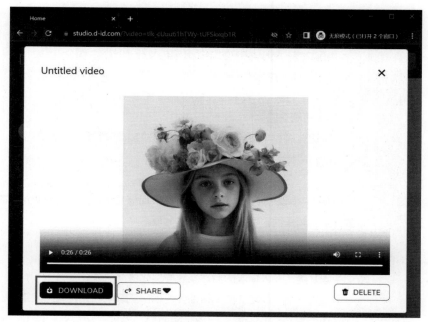

图 6-37　下载视频

6.4　实战：ChatGPT视频制作实战案例

前文中已经详细介绍了剪映和D-id的操作方法。在ChatGPT视频制作实战案例中，我们将分别应用两款工具，进行旅游风景视频及数字人视频制作。

6.4.1　案例一：旅游风景视频

在本小节中，我们将分两个步骤生成旅游风景视频，先通过ChatGPT生成文案，再将文案输入剪映进行视频生成及调整。

1. 使用ChatGPT生成文案

我们以对话的形式向ChatGPT提出要求，读者可以以"题目→提纲→文案内容"为文案生成逻辑，与ChatGPT交流。

> 提示词：　　　我需要写一篇关于中国旅游介绍视频的文案，请帮我想五个合适的题目。

> ChatGPT：　　　当然，我很乐意帮助你。以下是五个关于中国旅游介绍视频的题目

建议：

"发现中国之旅：探索千年文明的奇迹"

"中国之美：令人惊叹的自然景观与文化遗产"

"穿越中国：探索多元文化与传统之旅"

"与中国共舞：体验中国独特的节庆活动与美食文化"

"追寻古老之路：中国的历史与世界的连接"

希望这些题目能给你提供一些灵感。如果你有其他要求或需要进一步的帮助，请随时告诉我。

⌨ 提示词： 请就"中国之美：令人惊叹的自然景观与文化遗产"，写两个版本的旅游介绍视频提纲，每版提纲不超过七项。

⑤ ChatGPT： 版本一：

中国之美：令人惊叹的自然景观与文化遗产

引言：介绍中国之美的独特性，包括自然景观和文化遗产的结合。

雄伟的自然奇观：展示中国壮丽的自然奇观，如长城、黄山、张家界等。

神秘的自然奇迹：揭示中国令人惊叹的自然奇迹，如五彩斑斓的丹霞地貌、神农架的原始森林等。

壮丽的水域风光：探索中国著名的水域景观，如杭州西湖、桂林漓江等。

与自然融为一体的文化遗产：展示中国著名的文化遗产，如故宫、兵马俑、洛阳龙门石窟等。

美食与自然：介绍中国各地的特色美食，以及与自然景观相结合的独特饮食体验。

结语：邀请观众亲自来中国，亲身体验令人惊叹的自然景观和丰富的文化遗产。

版本二：

中国之美：令人惊叹的自然景观与文化遗产

引言：介绍中国之美的独特性，包括自然景观和文化遗产的结合。

历史名城与遗址：展示中国历史悠久的名城和遗址，如北京的故宫、西安的兵马俑等。

文化遗产的精髓：探索中国丰富的文化遗产，如古老的寺庙、古镇、园林等。

文化艺术的瑰宝：介绍中国独特的文化艺术形式，如京剧、中国书法、中国画等。

传统节日与庆典：展示中国的传统节日和庆典活动，如春节、中秋节等，让观众感受浓厚的中国文化氛围。

自然与人文交融的美景：展示中国自然景观与人文景观的完美融合，如黄山的云海、桂林的山水画廊等。

结语：邀请观众亲自来中国，亲身体验令人惊叹的自然景观和丰富的文化遗产。

这些提纲可以作为你的旅游介绍视频的参考，你可以根据自己的需求和创意进行进一步修改和补充。祝你的旅游介绍视频制作顺利！

🔟 提示词：　就版本二扩写文案，1000 字左右。

ⓢ ChatGPT：　版本二：

中国之美：令人惊叹的自然景观与文化遗产

引言：

中国，一个拥有悠久历史和丰富文化遗产的国家，以其令人惊叹的自然景观和独特的文化吸引着世界各地的旅行者。在这个充满神秘和魅力的国度里，自然与人文相互交融，创造出无数令人叹为观止的美景和奇迹。让我们一起探索中国之美，领略那些令人心驰神往的自然景观和丰富多彩的文化遗产。

历史名城与遗址：

中国是一个拥有丰富历史遗迹的国家，这些历史名城和遗址见证了数千年的文明演进。漫步于北京的故宫，仿佛穿越回帝王时代；来到西安的兵马俑，感受那些生动的陶制士兵守护着秦始皇的陵墓；而洛阳的龙门石窟，则以其精湛的佛教艺术而闻名于世。这些历史名城和遗址不仅令人叹为观止，更让我们深刻领略到中国丰富而悠久的历史文化。

文化遗产的精髓：

中国拥有丰富多样的文化遗产，从古老的寺庙、古镇、园林到传统的工艺品和民间艺术，每一处都散发着独特的魅力。游览福建土楼，感受那种凝结着历史和社群精神的宏伟建筑；漫步于苏州的古典园林，被精心设计的景致所折服。中国的文化遗产不仅展现了千百年来的智慧和创造力，更为我们提供了了解中国传统文化的窗口。

文化艺术的瑰宝：

中国的文化艺术源远流长，京剧、中国书法、中国画等艺术形式都是中国独有的宝藏。在京剧的表演中，演员们用传统的唱、念、做、打的艺术形式，将古代故事和传统价值观展现得淋漓尽致；中国书法以其独特的笔画和书法家的情感表达，成为一种优雅而精致的艺术形式。中国的艺术瑰宝不仅让我们获得美的享受，更让我们深入了解中国文化的内涵与精神。

传统节日与庆典：

中国的传统节日和庆典活动是民族文化的重要组成部分。春节是中国最重要的节日，烟花爆竹、舞龙舞狮、红包等习俗让人沉浸在喜庆的氛围中。中秋节则是团圆和感恩的节日，和家人、朋友聚在一起赏月、品尝月饼，共同分享幸福和温暖。参与中国的传统节日和庆典活动，可以亲身感受到中国人民对传统的珍视和庆祝的热情。

自然与人文交融的美景：

中国的自然景观与人文景观交相辉映，创造出独特而壮观的美景。登上黄山，云海缭绕，奇松怪石构成了一处处如诗如画的景致；乘坐漓江游船，两岸奇峰耸立，水天相接，让人仿佛置身于一幅山水画中。在中国，自然与人文相互融合，为我们带来了无尽的惊喜和震撼。

结语：

中国之美无与伦比，它拥有丰富多样的自然景观和深厚的文化底蕴，每一个角落都值得我们去探索和体验。无论是历史名城、文化遗产，还是自然奇观，都散发着独特的魅力，等待着我们去发现。邀请您来到中国，亲身感受令人惊叹的自然景观和丰富的文化遗产，与中国人民共同分享独特的传统和精神。让我们踏上这段壮丽之旅，感受中国之美的魅力与魔力。

2. 使用剪映生成视频

将ChatGPT生成的文案稍做调整，输入剪映用于视频生成，具体操作步骤如下。

第1步▶ 打开剪映软件，单击软件首页的"图文成片"按钮，进入文案输入页面，如图6-38所示。

第2步▶ 在文案输入页面输入

图6-38　进入文案输入页面

已准备好的旅游视频标题及文案，选择"朗读音色"为"新闻女声"，单击"生成视频"按钮，进行视频生成，如图6-39所示。

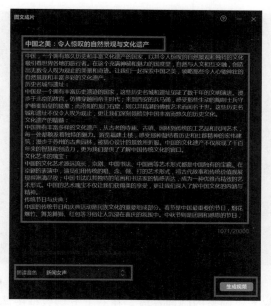

图 6-39　视频生成

第3步 视频自动生成完成后，跳转进入预览及编辑页面，单击"播放"按钮▶进行视频的播放及预览，如图 6-40 所示。

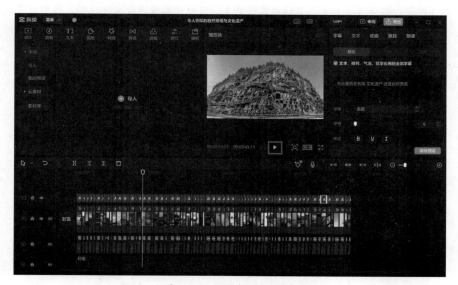

图 6-40　视频播放及预览

第4步 预览过程中，将鼠标指针移动到时间轴上，单击或拖曳时间轴到需要重复预览的位置进行定位，视频将从定位处重新开始播放，如图 6-41 所示。

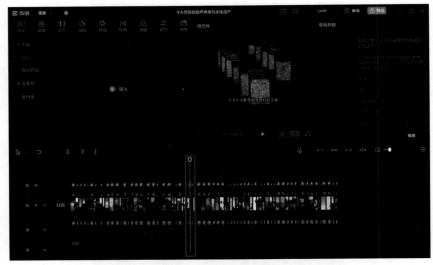

图 6-41　时间轴定位

第5步 ▶ 选取需要调整的画面片段，在右上方参数框中调整"缩放"参数至85%，调整"混合–不透明度"参数至71%，选择"背景填充"参数中的"模糊"选项，如图 6-42 所示。

⚠ **温馨提示**　剪映画面参数设置的内容较繁复，且软件本身内设文字说明，我们以实战的方式为读者呈现部分操作步骤，不再对参数逐一讲解，感兴趣的读者可以多做尝试，对比差异，找到自己喜欢的参数配置。

图 6-42　画面参数调整

⚠️ **温馨提示** 此步骤也可以右击鼠标，在弹出的菜单中选择"替换片段"选项，选择喜欢的素材对该画面片段进行替换，如图6-43所示。

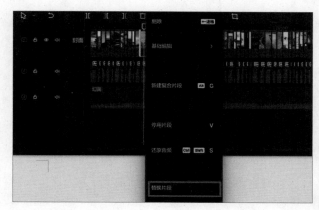

图 6-43 替换画面片段

第6步 ► 再次预览视频，综合检查字幕、配音、图文和配乐的匹配度，确认视频达到令自己满意的效果后，单击软件右上方的"导出"按钮，在弹出的窗口中再次单击"导出"按钮，进行完整视频导出，如图6-44所示。

图 6-44 视频导出

第7步 ► 导出的视频默认为MP4格式，读者可以将自己制作的视频上传至自媒体平台进行分享，如图6-45所示。

图 6-45　视频成片

⚠️ **温馨提示**　因 AI 视频生成的随机性及操作系统环境不同，读者实操所得视频可能与本书示例有差异。

6.4.2　案例二：数字人视频

本小节将制作一段数字人演讲视频，该视频将分三个步骤生成，先通过 ChatGPT 生成演讲稿，再通过 Midjourney 生成演讲人物形象照，最后将演讲稿及人物形象照上传至 D-id 平台进行数字人视频生成。

1. 使用 ChatGPT 生成演讲稿

我们依然以对话的形式向 ChatGPT 提出要求，读者可以以"演讲题目→提纲→演讲内容"为演讲稿生成逻辑，与 ChatGPT 交流。

> 🔊 **提示词：**　　我需要做一个关于 AI 的演讲，请帮我想五个合适的演讲题目。

> ⑤ **ChatGPT：**　　当然，下面是五个关于 AI 的演讲题目。
>
> "AI：人类进步的引擎"：探讨人工智能如何推动技术和社会的进步，以及对人类生活的积极影响。
>
> "AI 的伦理挑战与道德考量"：探讨人工智能发展中的伦理和道德问题，如隐私保护、数据安全、自主决策等，以及如何应对这些挑战。

"AI 在教育领域的应用与机遇"：探索人工智能在教育中的应用，如个性化学习、智能辅导和教育资源的智能化管理，以及它们对教育的潜在机遇。

"AI 与未来的工作"：讨论人工智能对劳动力市场的影响，包括自动化带来的工作变革、职业发展的机遇和挑战，以及如何培养与 AI 技术共生的职业能力。

"AI 与创新的未来"：探索人工智能对创新的推动作用，如智能化的产品设计、智能算法的创造力辅助和人机协作的创新模式，以及它们对未来创新的影响。

这些题目涵盖了人工智能在不同领域和方面的重要性和影响，希望能为您的演讲提供一些启发。祝您的演讲取得圆满成功！

🔟 **提示词：**　　　请就"AI 与创新的未来：探索人工智能对创新的推动作用，如智能化的产品设计、智能算法的创造力辅助和人机协作的创新模式，以及它们对未来创新的影响"拟写提纲，不超过七条。

ChatGPT：　　　下面是关于"AI 与创新的未来"主题的提纲：

引言

引入 AI 作为创新的推动力量的重要性和潜力

引发听众对 AI 与创新关系的思考

智能化的产品设计

探索 AI 如何改变产品设计过程和方法

强调 AI 在用户体验、个性化和智能交互方面的作用

列举智能家居、智能汽车等领域的创新设计案例

智能算法的创造力辅助

探讨 AI 在创意生成、设计优化和问题解决方案中的应用

强调 AI 作为创造力的辅助工具，提供新的思路和可能性

介绍艺术、音乐和文学等领域中 AI 生成作品的创新案例

人机协作的创新模式

讨论 AI 与人类合作的创新模式和合作方式

强调 AI 在增强人类能力、提升生产效率和创造新价值方面的作用

介绍协作机器人、智能助手等领域的创新应用案例

AI 对未来创新的影响

探讨 AI 对创新速度、范围和复杂性的影响

强调 AI 在数据处理、模式识别和决策支持方面的优势

讨论 AI 对传统产业的颠覆和新兴领域的创新驱动力

挑战和机遇

分析 AI 在创新中面临的挑战，如隐私、伦理和安全性等问题

强调应对挑战的重要性，包括制定合适的政策和法规框架

探讨 AI 带来的创新机遇，如新兴行业、新的职业需求和经济增长潜力

结语

总结 AI 对创新的推动作用和未来发展趋势

鼓励听众拥抱 AI 的创新力量，积极探索和应用 AI 技术

强调人类与 AI 合作的重要性，共同开创创新的未来

这个提纲可以帮助您在演讲中有条理地探讨 AI 与创新的关系。您可以根据需要对每个部分进行扩展和添加具体的案例或观点。祝您的演讲成功！

---

⑩ 提示词： 请就这份提纲写一篇1000字左右的演讲稿，用于大学生分享会。

ChatGPT： 尊敬的各位嘉宾，亲爱的大学生朋友们：

大家好！我很荣幸能够在今天的分享会上与大家探讨一个备受关注的话题：AI 与创新的未来。在这个信息爆炸的时代，人工智能已经成为推动创新的强大引擎，它以智能化的产品设计、智能算法的创造力辅助和人机协作的创新模式等形式，深刻地改变着我们的世界。

让我们先来看看智能化的产品设计。在过去，产品设计主要依赖人工经验和直觉。然而，随着 AI 的发展，智能化的产品设计正在崭露头角。通过运用机器学习和深度学习等技术，AI 能够从海量数据中学习，为产品设计带来全新的可能性。它能够了解用户的需求，实现个性化定制，提供更好的用户体验。无论是智能家居、智能汽车，还是智能穿戴设备，AI 的介入都使得产品更加智能、便捷和人性化。

让我们再来关注智能算法的创造力辅助。创造力是人类的特有才能，但 AI 正在以其独特的方式成为创造力的辅助工具。AI 生成的算法能够帮助我们在创意生成、设计优化和问题解决方案等领域做出更好的决策。AI 能够分析大量的数据、模式和趋势，提供新的思路和可能性。在艺术、音乐和文学等领域，我们已经看到了 AI 生成的作品的创新之处。AI 正在与人类共同创作独一无二的艺术品和音乐作品，为创意的无限可能带来

新的视角。

而人机协作的创新模式也是 AI 与创新的重要方向。AI 并不是要取代人类，而是与人类合作，创造出更大的价值。在许多领域，人机协作正在改变我们的工作方式和流程。协作机器人、智能助手等正被逐渐应用于生产和服务行业，它们能够与人类共同完成复杂的任务和工作。通过结合人类的创造力和智能机器的计算能力，我们能够实现生产效率的提升、工作质量的改善和创新的加速。人机协作的模式为我们创造了更多的机会和可能性。

然而，AI 对未来创新的影响远不止于此。它正在改变创新的速度、范围和复杂性。AI 拥有出色的数据处理能力和模式识别能力，能够在庞大的数据海洋中发现潜在的创新机遇。同时，AI 在决策支持方面的优势也使得创新的决策更加准确和迅速。这些特点使得 AI 成为推动传统产业颠覆和新兴领域创新的驱动力。我们已经看到，AI 在医疗健康、城市管理、能源领域等方面带来了深刻的变革和新的商业模式。

当然，AI 与创新的未来也面临着一些挑战。我们需要正视隐私、伦理和安全性等问题，并制定出合适的政策和法规框架来解决这些问题。同时，我们也要认识到 AI 带来的创新机遇。新兴行业、新的职业需求和经济增长潜力等都是我们应该抓住的机遇。

在结束演讲之前，我想强调人类与 AI 合作的重要性。只有通过人类与 AI 的紧密合作，我们才能够充分利用 AI 的创新力量，共同开创新的未来。让我们抱着开放的心态，勇于探索和应用 AI 技术，为新的世界贡献我们的力量。

以上就是我对于"AI 与创新的未来"这个主题的演讲，希望能够为大家提供一些思考和启示。感谢大家的聆听！

2. 使用 Midjourney 生成演讲人物形象照

第1步　登录 Midjourney 服务器，在底部的对话框中输入"/imagine"指令，按"Enter"键，出现"prompt"文本框，在"prompt"文本框中输入提示词"A joyful student with well-defined facial features, who has just completed a graduation ceremony, wearing a vintage student gown, against a white background, captured in a portrait photograph"（一位刚参加完毕业典礼，开心的、面部轮廓分明的学生，穿着复古的学生礼服，白色背景，肖像照），按"Enter"键上传生成初始图片，如图 6-46 所示。

图 6-46　Midjourney初始图片生成

第2步 ▶ 单击初始图片下方的"V3"按钮，对第三幅图片进行变化处理，得到变化后的图片，如图6-47所示。

图 6-47　Midjourney 图片变化

第3步 ▶ 单击初始图片下方的"U3"按钮，对第三幅图片进行升档处理，得到人像图片，保存备用，如图6-48所示。

图 6-48 Midjourney 人像图片

3. 使用 D-id 平台生成数字人演讲视频

前文中已经使用 ChatGPT 和 Midjourney 生成了演讲稿和人物形象照，接下来，我们将使用 D-id 平台生成数字人演讲视频。

第1步 进入 D-id 用户首页，如图 6-49 所示，单击"Create Video"（创建视频）按钮，进入视频制作页面。

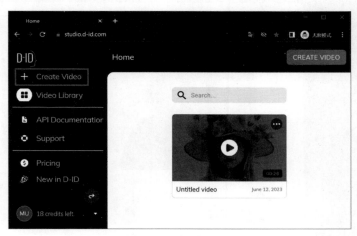

图 6-49 D-id 用户首页

第2步 进入视频制作页面后，单击"ADD"按钮●，弹出文件选择框，选择前文中已准备好的人物形象照上传，上传成功的图片将会出现在预览窗口中，如图 6-50 所示。

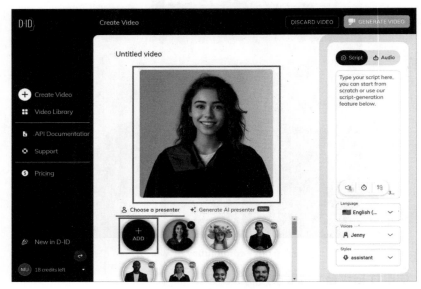

图 6-50　人物形象照上传

第3步 ▶ 将前文中运用 ChatGPT 生成的演讲稿粘贴在"Script"文本框中，如图 6-51 所示。

图 6-51　文案输入

第4步 ● 依次设置数字人的"Language""Voices"和"Styles"为"Chinese"
"Xiaoxiao"和"friendly"（友好的），如图 6-52 所示。

图 6-52　数字人参数设置

第5步 ● 设置完成后，单击页面右上方的"GENERATE VIDEO"按钮，弹出
视频生成信息确认选项框，如图 6-53 所示。

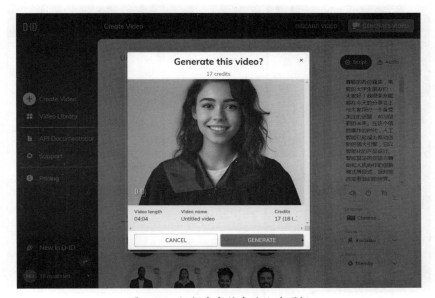

图 6-53　视频生成信息确认选项框

第6步 ▶ 核对视频时长及信息，并继续单击"GENERATE"按钮生成视频，如图6-54所示。

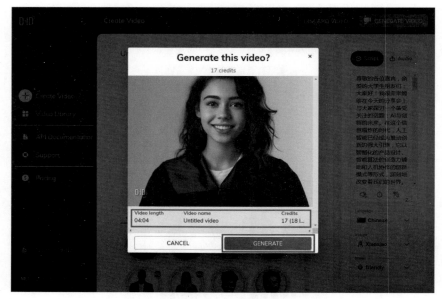

图 6-54　视频生成信息确认

第7步 ▶ 生成的视频将自动出现在用户首页，如图6-55所示。

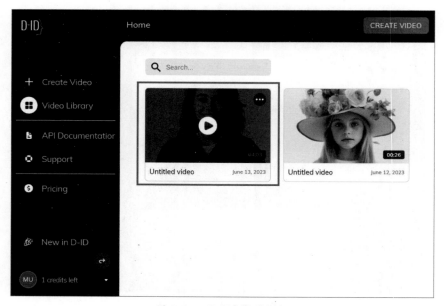

图 6-55　显示生成的视频

第8步 ▶ 单击生成的视频，弹出预览窗口，在预览窗口左上方单击"Untitled video"（未命名视频），输入"AI 与创新的未来"对视频重新命名，如图 6-56 所示。

图 6-56　重命名视频

第9步 ▶ 重命名视频后，单击预览窗口左下方的"DOWNLOAD"按钮下载视频，如图 6-57 所示，一个完整的数字人演讲视频就制作完成了。

图 6-57　下载视频

本章小结

　　本章介绍了结合 ChatGPT 进行视频制作的方法和工具。首先介绍了 AI 视频制作领域中的主流工具，并重点介绍了其中的剪映和 D-id，探讨了它们各自的特点、功能及在视频生成中的应用，然后详细介绍了剪映和 D-id 的基本功能、特点、实际操作和使用方法。最后进行了两个实战案例的演示。通过学习本章内容，读者可以了解 AI 视频制作领域的主流工具，掌握剪映和 D-id 的主要功能与应用方法，效仿 ChatGPT 辅助视频生成的实战案例，在实际中加以运用。

第7章

用 ChatGPT 编写程序

本章导读

　　本章中，7.1节将带领读者了解编程入门的相关知识点，介绍常用的编程工具，包括集成开发环境（IDE）、文本编辑器、命令行界面、调试器、版本控制系统、虚拟化和容器化工具及在线资源和文档等，并介绍多种常用的编程语言，如Python、JavaScript、Java、C++、C#、Swift等，这些工具和语言在编程中都扮演着重要的角色。7.2节将向读者介绍ChatGPT在编程中可以协助程序员完成的各种任务，如ChatGPT可以帮助生成代码、解决问题、优化代码、生成开发文档及查找错误等。7.3节通过编写计算器的Web程序示例展示如何利用ChatGPT快速完成程序开发的工作，验证了ChatGPT编写的代码的健壮性，通过运行程序来确保其功能的正确性。通过本章的学习，相信读者能够在编写程序方面获得新的思路，无论是在入门阶段还是在日常开发中，ChatGPT都将为您提供强大的支持。

7.1　编程入门基础

　　在讲解ChatGPT在编程中的应用之前，先向读者介绍编程入门的基础知识。掌握基础知识，可以为后续的学习和应用打下坚实的基础，更好地理解和使用ChatGPT来编写程序。

7.1.1　编程的定义

　　编程是一个创造的过程，通过编写一系列指令或代码，以一种计算机可以理解和执行的方式，来告诉计算机如何完成特定的任务或解决问题。我们可以将编程看作给计算机下达命令的方式，类似于编写一份详细的指南或脚本，告诉计算机要执行的操作和步骤。

计算机并不能直接理解人类的自然语言，只能理解机器语言，开发人员使用类似人类语言的结构和语法来编写代码。当我们用编程语言编写好程序后，就可以使用编译器或解释器将代码转换为机器语言，使计算机能够理解和执行我们的指令。编程语言是一种人与计算机交流的工具，它提供了一套规则和语法，用于描述操作、控制流程和处理数据。不同的编程语言具有不同的特性、用途和适用范围。

编程的目标是将问题或需求转化为计算机可执行的代码。这需要理解问题的本质和要求，设计解决方案的算法和逻辑，然后将其转化为具体的代码实现。编程涉及使用变量、条件语句、循环结构、函数和数据结构等编程概念，以及编程语言的语法和特性。

编程的核心思想是将复杂的问题分解为更小、更易管理的子问题，并通过逻辑和控制流程来组织和协调这些子问题的解决。编程要求思路清晰、逻辑严谨，注重细节和精确性，也需要创造性和灵活性，以找到最佳的解决方案，并适应问题的变化和需求的演变。

通过编程，人们可以创造各种类型的应用程序、网站、移动应用、游戏、人工智能系统等。编程的应用涉及各个领域，如科学研究、商业应用、娱乐、教育等。它不仅是一种工具，更是一种思维方式和解决问题的能力。

编程涉及许多方面和概念，以下是对其中一些重要方面的详细解释。

（1）算法和逻辑：算法是对解决问题的步骤和策略的描述，而逻辑是根据条件和规则来推理和决策的过程。在编程中，需要设计和实现适当的算法和逻辑，以达到预期的结果。

（2）数据类型和变量：编程语言提供了不同的数据类型，如整数、浮点数、字符串、布尔值等，用于表示不同类型的数据。变量是用来存储和操作数据的命名容器。在编程中，需要了解数据类型的特点和用法，并合理使用变量来处理数据。

（3）控制流程：控制流程用于决定代码的执行顺序和条件。常见的控制流程包括条件语句（如 if-else 语句）、循环结构（如 for 循环和 while 循环）、跳转语句（如 break 和 continue 语句）等。通过控制流程，可以根据不同的条件执行不同的代码块，或者重复执行一段代码。

（4）函数和模块化：函数是一段可重用的代码块，它接受输入参数并返回结果。通过将代码组织为函数，可以提高代码的可读性、可重用性和可维护性。模块化是一种将代码分割为独立模块的方法，每个模块负责特定的功能。模块化编程可以提高代码的可组织性和可维护性。

（5）数据结构和算法复杂度：数据结构是组织和存储数据的方式，如数组、链表、栈、队列、树、图等。算法复杂度是衡量算法执行时间和空间消耗的度量。在编程中，需要选择适当的数据结构和算法，以满足问题的要求并保证代码的效率。

（6）错误处理和异常：编程中难免会遇到错误和异常情况，如输入错误、运行时错误等。为了使程序更健壮和可靠，需要采取适当的错误处理机制和异常处理策略，如异常捕获、错误日志记录等。

（7）调试和测试：调试是定位和修复代码错误的过程。通过使用调试工具和技术，可以逐步执行代码并观察变量和输出，以找到问题所在。测试是验证代码的正确性和稳定性的过程。常见的测试方法包括单元测试、集成测试和系统测试等。

（8）版本控制和团队合作：版本控制是管理代码版本和协同开发的方法。使用版本控制工具，如 Git，可以跟踪代码的历史记录、管理不同版本的代码，并支持多人协作开发。

以上是编程涉及的一些主要方面，它们共同构成了编程的基础知识和技能。理解和掌握这些概念和技术，可以帮助开发者更好地编写高效、可维护和可扩展的代码，并解决复杂的问题。

总之，编程是一种创造性的过程，通过编写代码来指导计算机完成任务。编程涉及理解问题、设计解决方案、使用编程语言和工具，以及不断迭代和改进。通过编程，人们能够利用计算机的能力创造出各种应用，实现自己的创意和想法，并推动科技的发展和社会的进步。

7.1.2　编程工具

编程工具是指在编写、调试和管理代码时使用的软件工具和环境。这些工具旨在提供便捷的开发体验，并帮助开发者提高效率和质量。以下是一些常见的编程工具。

（1）集成开发环境（Integrated Development Environment，IDE）：IDE 是一种集成了多个工具和功能的应用程序，旨在提供编写、调试和测试代码的全套工具。IDE 通常包括代码编辑器、编译器、调试器、自动完成、代码导航和版本控制等功能。常见的 IDE 包括 Visual Studio Code、Xcode、Eclipse、IntelliJ IDEA 等，其适用平台和功能特点如表7-1所示。

表7-1　常见的IDE

名称	适用平台	特点	
Visual Studio	Windows	强大的调试功能和可视化开发工具，支持多种编程语言	
Xcode	macOS 和 iOS	用于开发 macOS 和 iOS 应用程序，集成了代码编辑器、编译器、调试器和可视化界面设计工具	
Eclipse	跨平台	开源 IDE，支持多种编程语言，具有丰富的插件生态系统，可扩展性强	
IntelliJ IDEA	跨平台	专注于 Java 开发，提供智能代码编辑、代码分析和重构工具	
PyCharm	Visual Studio Code	专门针对 Python 开发，提供代码自动完成、调试器和单元测试工具	
Android Studio	Android	用于 Android 应用程序开发，基于 IntelliJ IDEA，提供 Android 虚拟设备模拟器和其他 Android 工具	
Visual Studio Code	跨平台	轻量级代码编辑器，支持多种编程语言，具有丰富的插件生态系统	

（2）文本编辑器：文本编辑器是编写代码的基本工具，它提供了基本的文本编辑功能，如代码高亮、缩进、括号匹配等。文本编辑器适用于编写各种类型的代码文件，不仅限于特定编程语言。一些常见的文本编辑器包括Sublime Text、Atom、Vim、JetBrains PhpStorm、Notepad++等，其适用平台和功能特点如表7-2所示。

表7-2　常见的文本编辑器

名称	适用平台	特点	
Sublime Text	Windows、macOS、Linux	快速、稳定，具有高度可定制性，支持多种编程语言，包括语法高亮、代码片段、多光标编辑等功能	
Atom	Windows、macOS、Linux	跨平台、免费、开源，由 GitHub 开发，具有可定制化界面、丰富的插件生态系统和内置 Git 集成	
JetBrains PhpStorm	Windows、macOS、Linux	专注于 PHP 开发，具有智能代码补全、重构工具、调试器等功能，支持框架集成和版本控制系统	

续表

名称	适用平台	特点
Vim	Windows、macOS、Linux	兼容性强，键盘驱动的编辑器，支持高度定制和可扩展性，适用于经验丰富的用户
Notepad++	Windows	免费、轻量级，支持多种编程语言，包括语法高亮、宏录制、代码折叠等功能

（3）命令行界面（Command-Line Interface，CLI）：CLI是一种通过命令行输入指令和参数来与计算机进行交互的界面。在CLI中，开发人员可以使用命令行工具执行各种编程任务，如编译代码、运行脚本、版本控制等。常见的命令行工具有Bash、PowerShell和CMD等，其适用平台和功能特点如表7-3所示。

表7-3　常见的CLI

名称	适用平台	特点
Bash	Unix、Linux、macOS	标准的 Unix shell，具有强大的脚本编程功能、命令历史记录、自动补全和管道等功能
PowerShell	Unix、Linux、macOS	Windows 上的默认 shell，具有 .NET Framework 的集成，支持脚本编程、强大的命令行功能和对象导向的管道
CMD	Windows	Windows 上的传统命令行界面，提供了一组命令和工具，用于执行基本的系统管理任务和命令行操作
Zsh	Unix、Linux、macOS	扩展的 Bourne shell，具有高度的可定制性、自动补全、插件支持和主题等功能
Fish	Unix、Linux、macOS	用户友好的 shell，具有语法高亮、智能补全、命令历史记录和自动提示等功能
Windows Terminal	Windows	Windows 上的现代命令行界面，提供了多个 shell（如 PowerShell、CMD、WSL）的集成，支持分页、多标签和自定义主题等功能

（4）调试器（Debugger）：调试器是一种工具，用于帮助开发人员识别和修复代码中的错误和问题。调试器允许开发人员逐行执行代码、观察变量的值和状态，并提供其他调试功能，如设置断点、单步执行、查看堆栈跟踪等。常见的调试器包括GDB、pdb（Python调试器）、Chrome DevTools等，其适用平台和功能特点如表7-4所示。

表7-4　常见的调试器

名称	适用平台	特点
Visual Studio Debugger	Windows、macOS	强大的调试功能，包括断点调试、单步执行、变量监视、堆栈跟踪和条件断点等。适用于多种编程语言和框架
gdb	Unix、Linux、macOS	功能强大的命令行调试器，支持多种编程语言，包括 C、C++、Python 等。提供断点调试、内存查看、寄存器监视等功能
LLDB	LLDB	用于调试 C、C++、Objective-C 和 Swift 的调试器。具有类似于 gdb 的功能，提供命令行界面和 Python 脚本扩展
Xcode Debugger	macOS、iOS	集成在 Xcode 中，用于调试 macOS 和 iOS 应用程序。支持断点调试、变量监视、内存查看等功能，提供可视化界面
Chrome DevTools	Web 浏览器	用于调试 Web 应用程序，提供强大的前端调试功能，包括 JavaScript 断点调试、网络请求分析、DOM 查看等
PyCharm Debugger	Windows、macOS、Linux	专门用于 Python 开发的调试器，提供断点调试、变量监视、表达式求值等功能，集成在 PyCharm IDE 中
Android Debug Bridge	Android	用于在 Android 设备上进行调试和开发的命令行工具。支持应用程序调试、设备状态监视、日志查看等功能

（5）版本控制系统（Version Control System，VCS）：VCS是一种记录和管理代码修改历史的工具，它可以跟踪代码的变化、协调多个开发者的工作、回滚到以前的版本等。最常见的版本控制系统是Git，它提供了分布式版本控制的功能，其他常见的VCS还包括Subversion和Mercurial等，其适用平台和功能特点如表7-5所示。

表7-5　常见的版本控制系统

名称	适用平台	特点
Git	跨平台	分布式版本控制系统，具有高效的分支管理、快速的提交和合并操作、本地版本控制和强大的协作功能。广泛应用于开发领域
Subversion	跨平台	集中式版本控制系统，具有简单的用户界面，易于学习和使用，支持文件和目录级别的版本控制和权限管理

续表

名称	适用平台	特点
Mercurial	跨平台	分布式版本控制系统，与 Git 类似，具有简单易用的命令和工作流程，强调易学易用的设计理念
Perforce	跨平台	集中式版本控制系统，主要用于大型项目和团队，具有高性能、强大的文件版本控制和工作流管理功能
TFVC	Windows	集中式版本控制系统，由 Microsoft 提供，与 Visual Studio 和 Azure DevOps 集成，适用于 Microsoft 生态系统的开发

（6）虚拟化和容器化工具：虚拟化和容器化工具允许开发人员在单个计算机上运行多个独立的虚拟环境或容器，以便在不同的开发环境中工作。这些工具可以提供隔离性、可移植性和一致性，常见的工具有 VMware、Docker 等，其适用平台和功能特点如表 7-6、表 7-7 所示。

表 7-6　常见的虚拟化工具

名称	适用平台	特点
VMware	Windows、macOS、Linux	提供全面的虚拟化解决方案，包括虚拟机管理、资源分配、快照、迁移和网络虚拟化等功能
VirtualBox	Windows、macOS、Linux	免费、开源的虚拟化平台，具有易用性和广泛的操作系统支持，可创建和管理虚拟机
Hyper-V	Windows	Windows 上的虚拟化平台，提供了虚拟机管理、快照、动态内存和网络虚拟化等功能

表 7-7　常见的容器化工具

名称	适用平台	特点
Docker	跨平台	开源的容器化平台，提供了轻量级、可移植的容器化解决方案，具有快速部署、隔离性和可扩展性等优势
Kubernetes	跨平台	开源的容器编排和管理平台，用于自动化部署、扩展和管理容器化应用程序，提供了高可用性和弹性伸缩等功能
Podman	Linux	开源的容器运行时工具，用于管理和运行容器，与 Docker 兼容，但不需要守护进程，提供了更轻量级的容器体验
Linux Containers	Linux	轻量级的容器化解决方案，提供了操作系统级别的虚拟化，可创建和管理 Linux 容器，具有高性能和低开销

（7）在线资源和文档：互联网上有许多在线资源和文档可供开发人员学习和查询相关编程知识。这些资源包括编程教程、文档、论坛、博客和开发者社区。一些常用的在线资源包括Stack Overflow、GitHub、MDN等，其访问方式和功能特点如表7-8所示。

表7-8　常见在线资源和文档

名称	访问方式	特点
Stack Overflow	Web 访问	程序员社区问答网站，提供了大量的编程问题和解答，涵盖了各种编程语言和技术领域
GitHub	Web 访问	基于 Git 的代码托管平台，开源项目和私有仓库，提供了代码托管、版本控制、协作和问题跟踪等功能
GitLab	Web 访问	类似于 GitHub 的代码托管平台，提供了代码托管、版本控制、CI/CD、问题跟踪等功能，支持自托管部署
MDN	Web 访问	Web 开发者文档和资源的综合平台，提供了关于 HTML、CSS、JavaScript 等 Web 技术的详细文档和示例代码
Microsoft Docs	Web 访问	微软官方文档和教程平台，提供了关于 Microsoft 技术栈的广泛文档，包括 Azure、.NET、Windows 等
Oracle Documentation	Web 访问	Oracle 官方文档和教程平台，提供了关于 Oracle 数据库、Java、MySQL 等技术的详细文档和示例代码
W3Schools	Web 访问	Web 开发入门和参考指南，提供了关于 HTML、CSS、JavaScript、SQL 等技术的简明教程和实例代码

7.1.3　编程语言

编程语言是一种用于编写计算机程序的形式化语言。它是人与计算机之间进行交流和指导的工具，通过编写特定的语法和语义规则，以及使用预定义的指令集和函数库，来描述计算机需要执行的操作和逻辑。它为开发者提供了一种表达和组织代码的方式，以实现特定的任务和功能。编程语言可以用于开发各种类型的软件应用，包括桌面应用、Web应用、移动应用、嵌入式系统、游戏等。编程语言通常包括以下组成部分。

（1）语法：规定了编程语言的结构和格式，包括如何书写变量、函数、语句和表达式等。

（2）语义：定义了编程语言中各种语法结构的意义和行为，即代码的执行方式和结果。

（3）指令集：提供了一组可执行的操作指令，用于完成特定的计算任务，如算术运算、条件判断、循环等。

（4）函数库：包含了一系列预定义的函数和工具，用于简化常见任务的实现，如文件操作、网络通信、图形绘制等。

常见的编程语言包括 Python、JavaScript、C、Java 等，每种语言都有其独特的优势特点及适应领域.

（1）Python：是一种高级、通用、解释型的编程语言，具有简洁易读的语法。它拥有强大的标准库和丰富的第三方库生态系统，适用于多个领域的应用开发，包括 Web 开发、数据分析、人工智能、科学计算等。Python 具有广泛的社区支持和大量的学习资源，易于学习和上手。

（2）JavaScript：是一种脚本语言，主要用于 Web 开发，为网页添加交互和动态功能。它具有广泛的浏览器支持，可以在客户端执行，也可以在服务器端使用 Node.js 运行。JavaScript 拥有丰富的库和框架，如 React、Angular 和 Vue.js，使得构建复杂的 Web 应用更加便捷。

（3）Java：是一种跨平台的面向对象编程语言，广泛应用于企业级开发和 Android 应用开发。它具有强大的生态系统和丰富的类库，提供了安全性、可靠性和可扩展性。Java 在大型系统、分布式应用、游戏开发等方面有广泛应用。

（4）C++：是一种通用的高级编程语言，既支持过程式编程，也支持面向对象编程。它被广泛用于系统级开发、游戏开发、嵌入式系统和高性能应用。C++ 具有高效、灵活的内存管理和广泛的库支持。

（5）C#：读作 C sharp，是微软公司开发的面向对象的编程语言，主要用于 Windows 平台的应用开发。它是 .NET 框架的一部分，具有良好的类型安全性和内存管理功能。C# 在游戏开发、企业级应用和桌面应用开发方面得到广泛应用。

（6）Swift：是由苹果公司开发的面向 iOS 和 Mac 应用开发的编程语言。它结合了 C 和 Objective-C 的特点，并添加了现代化的语法和强大的类型推断功能。Swift 具有易学易用、安全、高性能等特点，成为开发 iOS 和 Mac 应用的首选语言。

这些编程语言在不同的领域和应用中具有各自的优势和特点。选择合适的编程语言取决于项目需求、开发目标、团队技能和资源等因素。

7.1.4 编程的过程

编程是一种通过编写代码来实现特定任务或解决问题的过程。它涉及将问题分解为可执行的步骤，然后使用编程语言来表达这些步骤，并最终将其转化为计算机可以理解和执行的指令。

下面是编程的详细过程。

（1）理解问题和需求：首先，您需要准确地理解要解决的问题或要满足的需求。这可能涉及与项目经理、客户或团队成员进行沟通，澄清需求和目标。您需要确切地知道您需要解决的问题是什么，以及所需的输出和预期结果。

（2）设计算法和逻辑：理解了问题或需求后，下一步是设计解决问题的算法或逻辑。这涉及确定问题的解决方案，并将其分解为一系列可执行的步骤。将问题分解为更小、更可管理的子问题。使用流程图、伪代码或其他工具描述解决方案的算法和逻辑，以及所需的输出结果。这个阶段是问题解决方案的规划和设计阶段。

（3）选择编程语言和工具：根据问题的性质和需求，选择合适的编程语言和工具。不同的编程语言适用于不同的应用领域和开发目标。根据您对语言的熟悉程度、项目要求和可用资源，选择合适的开发工具和集成开发环境，以提高开发效率和代码质量。

（4）编写代码：在选择了编程语言和工具后，就可以开始编写代码了。根据算法和逻辑设计，使用所选的编程语言来编写代码，包括创建变量、函数、类和其他必要的组件，以实现所需的功能。在编写代码时，要遵循所选编程语言的语法和规范，保持代码的一致性和可读性。使用有意义的变量和函数命名，以增强代码的可理解性和可维护性。

（5）调试和测试：在编写完代码后，进行调试和测试是至关重要的。调试是指查找和修复代码中的错误（也称为 bug）。测试是验证代码的正确性和可靠性，以确保它按照预期工作，包括单元测试、集成测试和系统测试，以确保代码的各个部分及整体功能都能正常运行。使用调试工具和技术，逐行检查代码并定位错误。运行各种测试，包括单元测试、集成测试和系统测试，以验证代码的正确性和鲁棒性。处理错误和异常情况，并确保代码能够适应各种输入和情况。

（6）运行和部署：代码通过了调试和测试后，可以将其部署到目标环境中运行，包括在本地计算机上运行、部署到服务器上，或者在特定的设备或平台上运行。

在部署过程中，确保代码和所需的依赖项正确安装和配置，并验证其在目标环境中的正常运行。

（7）维护和优化：在代码运行期间，需要对其进行维护和优化。维护包括定期检查代码，并进行必要的维护工作，如修复错误、更新功能和处理反馈。优化包括改进代码的性能、效率和可读性，以提高程序的质量和用户体验。定期的维护和优化可以确保代码的稳定性和持续可用性。

编程是一个迭代的过程，需要不断地分析、设计、编写、测试和改进。在实践中需要不断积累更多的经验，提高编程技能，并采用更高级的编程概念和工具来解决更复杂的问题。

7.2　ChatGPT在编程中的应用

ChatGPT 在编程中有许多应用，包括生成代码、问题求解、代码优化、文档生成、自动化测试等。需要注意的是，尽管 ChatGPT 在编程中有广泛的应用，但它仍然是一个语言模型，它的回答和建议可能需要经过开发者的评估和验证。在编程过程中，用户需要始终保持对代码质量和安全性的关注，并结合自身的经验和判断来决策和调整。下面通过几个例子来演示 ChatGPT 在编程中的各种应用。

7.2.1　生成代码

> 🔟 **提示词：**　请用C#语言生成一段代码，实现随机出题的功能，一键生成10道100以内加减法的题目。

> ⑤ **ChatGPT：**　下面是使用C#生成一段代码，实现一键生成10道100以内加减法题目的应用。

```csharp
using System;
using System.Collections.Generic;
public class MathQuizGenerator
{
    private static Random random = new Random();
    public static void Main()
    {
        List<string> quizzes =
```

```
GenerateMathQuizzes(10, 100);
        foreach (string quiz in quizzes)
        {
            Console.WriteLine(quiz);
        }
    }
    public static List<string> GenerateMathQuizzes(int
count, int maxNumber)
    {
        List<string> quizzes = new List<string>();
        for (int i = 0; i < count; i++)
        {
            int number1 = random.Next(1, maxNumber +
1);
            int number2 = random.Next(1, maxNumber +
1);
            int operatorIndex = random.Next(0, 2);
            string quizOperator = operatorIndex == 0
? "+" : "-";
            int answer = operatorIndex == 0 ? number1
+ number2 : number1 - number2;
            string quiz = $"{number1} {quizOperator}
{number2} = ?";
            quizzes.Add(quiz);
        }
        return quizzes;
    }
}
```

　　这段代码定义了一个MathQuizGenerator类，其中包含了一个静态方法GenerateMathQuizzes，用于生成指定数量的加减法题目。在GenerateMathQuizzes方法中，我们使用Random类生成两个1到maxNumber之间的随机数，并使用另一个随机数生成0或1来确定加法或减法运算符。然后，根据生成的数字和运算符构建题目字符串，并将题目添加到结果列表中。在Main方法中，我们调用GenerateMathQuizzes方法生成10道100以内的加减法题目，并通过循环将题目打印到控制台。

　　你可以运行这段代码，生成10道100以内的随机加减法题目，并根据需要进行进一步的扩展和定制。运行以上代码，将会生成10道随机的

> 100以内的加减法题目，每道题目的格式为"{数字1} + {数字2} = ?"或
> "{数字1} − {数字2} = ?"。

将生成的代码在 Visual Studio 2015 中运行，控制台得到如图7-1所示的运行结果，证明 ChatGPT 生成的代码有效、可用。

图 7-1　随机生成100以内的加减法题目

7.2.2　问题求解

> ⑩ 提示词：　　　　我想开发一个网上购物平台订单系统，请用系统建模部分的时序图描述系统中对象之间的交互顺序和消息传递关系。

> ⑤ ChatGPT：　　　　下面是一个简化的网上购物平台订单系统的时序图示例，描述了用户下单的交互流程。

```
+----------------+                    +----------------+
|                |                    |                |
|    用户界面     |                    |   订单管理器    |
|                |                    |                |
+----------------+                    +----------------+
|   1．选择商品    |                    |                |
|----------------|                    |                |
|  2．添加到购物车 |                    |                |
|----------------|                    |                |
|  3．查看购物车   |                    |                |
|---------------->|                    |                |
|   4．结算下单    |                    |                |
|---------------->|                    |                |
|                |    5．创建订单        |                |
|                |-------------->|     |                |
|                |    6．处理支付        |                |
|                |-------------->|     |                |
```

```
|                   |                   |   7．发送订单确认  |
|                   |                   |------------------>|
|                   |                   |   8．更新库存      |
|                   |                   |------------------>|
|                   |                   |   9．发送配送通知  |
|                   |                   |------------------>|
|   10．显示成功页面 |                   |                   |
|<-----------------|                   |                   |
+-----------------+                   +-------------------+
```

　　在这个时序图中，有两个参与者：用户界面和订单管理器。用户界面负责与用户的交互，而订单管理器负责处理订单相关的逻辑。

　　交互步骤如下。

　　1. 用户界面显示商品列表，供用户选择商品。

　　2. 用户界面将所选商品添加到购物车。

　　3. 用户界面显示购物车内容。

　　4. 用户界面执行结算下单操作。

　　5. 用户界面发送创建订单消息给订单管理器。

　　6. 订单管理器处理支付，并向用户界面发送支付结果。

　　7. 订单管理器发送订单确认消息给用户界面。

　　8. 订单管理器更新库存。

　　9. 订单管理器发送配送通知消息给用户界面。

　　10. 用户界面显示订单成功页面。

　　时序图通过箭头表示消息的传递方向，以及时间的顺序。箭头从发送消息的对象指向接收消息的对象，表示消息的传递。

　　请注意，这只是一个简化的时序图示例，实际的时序图可能更加复杂，包含更多的参与者、消息和时间顺序。时序图可用于描述系统中对象之间的交互流程，帮助开发团队理解系统的行为，从而进行进一步的设计和实现。

7.2.3　代码优化

> 🔟 **提示词：**　　下面这段代码实现了从指定的 API 接口获取数据的功能。请优化这段代码。
>
> ```python
> ```

```python
import requests
def get_data_from_api(url):
    response = requests.get(url)
        if response.status_code == 200:
        data = response.json()
        return data
    else:
        print("Error: API request failed.")
        return None
```

ChatGPT:　　经过优化的版本：

```python
python
import requests
def get_data_from_api(url):
    try:
        response = requests.get(url)
        response.raise_for_status()   # 检查响应状态码，
如果不是200会抛出异常
        data = response.json()
        return data
    except requests.exceptions.RequestException as e:
        print("Error: API request failed:", e)
        return None
```

　　第一段代码实现了一个简单的 API 接口调用功能，它发送一个 GET 请求并解析响应中的 JSON 数据。然而，该代码在处理请求失败的情况下缺乏健壮性。它仅通过检查响应的状态码来确定请求是否成功，而未处理其他可能的异常情况。如果请求失败，代码只是打印错误信息，但不提供详细的错误信息或异常处理。

　　第二段代码对第一段代码进行了优化。它使用了 try-except 块来捕获可能的请求异常，并使用 raise_for_status() 方法检查响应的状态码。如果请求失败或状态码不是 200，它会抛出 requests.exceptions. HTTPError 异常，然后通过异常处理来打印错误信息。这样可以提供更详细的错误提示，同时增强了代码的健壮性和错误处理能力。

　　通过优化后的代码，你可以更好地处理 API 请求中的异常情况，提供更准确的错误信息，并使代码更具健壮性。这可以确保在出现问题时，你能够及时识别和解决错误，提高代码的可靠性和稳定性。

7.2.4　文档生成

提示词： 请根据开发人员提供的下列信息，生成一份完整的 API 接口文档。

1. 接口名称：getUser

2. 请求方法：GET

3. URL：/api/users/{id}

4. 参数：

id (string)：用户 ID

5. 返回值：

name (string)：用户名

email (string)：邮箱地址

6. 接口描述：该接口用于获取特定用户的信息。

7. 示例请求：

URL: /api/users/123

方法：GET

8. 示例响应：

状态码：200 OK

响应正文：

```
{
    "name": "John Doe",
    "email": "johndoe@example.com"
}
```

9. 错误响应：

状态码：404 Not Found

错误消息：用户不存在

10. 认证和授权：需要用户身份验证，并具有访问用户信息的权限。

ChatGPT： 根据以上信息生成的 API 文档可能如下所示：

```
# API 文档
## 接口名称
getUser - 获取用户信息
## 接口描述
```

该接口用于获取特定用户的信息。
请求方法
GET
URL
/api/users/{id}
参数
参数名	类型	描述
id	string	用户 ID
返回值
字段名	类型	描述
name	string	用户名
email	string	邮箱地址
示例请求
http
GET /api/users/123
示例响应
http
HTTP/1.1 200 OK
Content-Type: application/json
{
  "name": "John Doe",
  "email": "johndoe@example.com"
}
错误响应
http
HTTP/1.1 404 Not Found
Content-Type: application/json
{
  "error": "用户不存在"
}
认证和授权

需要用户验证身份，并具有访问用户信息的权限。

以上是一个示例，展示了开发人员提供的信息及 ChatGPT 生成的完整的 API 文档。实际上，文档的格式和内容可以根据具体需求进行调整和扩展。

7.2.5   查找错误

提示词：   请检查下面一段代码，如果有错误请找出来，并修改。

```csharp
using System;
namespace ErrorExample
{
    class Program
    {
        static void Main(string[] args)
        {
            int x = 5;
            int y = 0;
            int result = Divide(x, y);
            Console.WriteLine($"Result: {result}");
        }
        static int Divide(int a, int b)
        {
            return a / b;
        }
    }
}
```

ChatGPT：   这段代码的错误在于如果除数为零，则会导致运行时错误。为了修复这个问题，我们需要添加逻辑来检查除数是否为零，并处理这种情况。以下是修改后的代码。

```csharp
csharp
using System;
namespace ErrorExample
{
    class Program
    {
        static void Main(string[] args)
        {
            int x = 5;
            int y = 0;
```

```
            if (y != 0)
            {
                int result = Divide(x, y);
                Console.WriteLine($"Result:
{result}");
            }
            else
            {
                Console.WriteLine("Error: Cannot
divide by zero.");
            }
        }
        static int Divide(int a, int b)
        {
            return a / b;
        }
    }
}
```

在修改后的代码中，添加了一个条件语句来检查除数是否为零。如
果除数不为零，执行除法操作并输出结果；如果除数为零，输出错误信
息提示不能除以零。

现在，代码在尝试除以零时会给出错误提示，而不会引发运行时异常。

7.3 实战：编写一个计算器程序

前文中详细介绍了 ChatGPT 在编程开发中的相关作用与应用。下面以编写一
个计算器程序为例，讲解如何使用 ChatGPT 进行程序开发应用。

7.3.1 用 ChatGPT 进行项目规划

我们准备在 Visual Studio 集成开发环境下，用 C# 语言编写一个计算器的 Web
应用程序，下面我们先询问 ChatGPT，看看能够获得哪些帮助。

> 🔟 提示词：　　　　　我准备在 Visual Studio 中编写一个计算器程序，需要用到 HTML
> 文件、CSS 文件和 JavaScript 文件来实现，请做一份项目规划和流程
> 梳理。

ChatGPT： 当使用 HTML、CSS 和 JavaScript 在 Visual Studio 中编写一个计算器程序时，可以按照以下规划和流程进行开发。

1. 项目规划

确定项目的目标和需求：明确计算器程序的功能和特性，如支持的运算符、数字输入限制等。

设计用户界面：考虑计算器的布局、按钮样式和显示屏等。

确定技术栈：确定使用的 HTML 版本（如 HTML5）、CSS 框架或库（如 Bootstrap）和 JavaScript 库（如 jQuery）等。

2. 创建项目

打开 Visual Studio 2015，并创建一个新的 HTML 应用程序项目。

在项目中创建 HTML 文件、CSS 文件和 JavaScript 文件，按照项目规划的设计进行命名和组织文件。

3. HTML 开发

编写 HTML 结构：创建计算器界面的 HTML 结构，包括显示屏、数字按钮、运算符按钮等。

使用 CSS 样式：为计算器界面应用所需的样式和布局，可以使用 CSS 框架或自定义 CSS 样式。

设置事件处理程序：为按钮添加单击事件处理程序，以便在用户单击按钮时执行相应的操作。

4. JavaScript 开发

编写 JavaScript 函数：实现计算器的逻辑功能，包括数字输入、运算符处理和结果显示等。

获取和操作 DOM 元素：使用 JavaScript 代码获取 HTML 元素，并通过 DOM 操作来更新显示屏上的内容。

处理用户输入：编写事件处理程序，以便在用户单击数字按钮或运算符按钮时获取输入并执行相应的操作。

5. 调试和测试

使用浏览器开发者工具：在开发过程中使用浏览器的开发者工具来调试和检查代码。

进行功能测试：使用不同的输入值和操作符进行测试，确保计算器程序的功能和响应符合预期。

6. 优化和改进

进行代码优化：对代码进行审查和优化，提高性能和可读性。

改进用户体验：考虑添加更多的功能，如键盘支持、操作反馈和错误处理等。

进行跨浏览器测试：在不同的浏览器和设备上进行测试，确保计算器在各种环境中正常工作。

7. 文档和发布

编写项目文档：记录项目的设计、开发和使用说明，包括计算器的功能介绍和操作指南等。

发布项目：将最终的计算器程序部署到适当的环境中，可以是本地的 Web 服务器或托管的 Web 服务器。

这是一个大致的开发规划和流程，具体的实施过程可能会因项目需求和开发者的偏好而有所不同。确保在开发过程中及时进行测试、调试和文档编写，并根据需要进行改进和优化。同时，也可以参考相关文档、教程和示例代码来获得更多的帮助和指导。

7.3.2　HTML 文件生成计算器 Web 应用主页

首先，我们创建 HTML 文件，HTML（超文本标记语言）文件是使用 HTML 语言编写的文本文件，用于创建网页的结构和内容，HTML 文件通过浏览器解析和渲染，将文档转换为可视化的网页。浏览器根据 HTML 代码中的标签和属性来确定元素的显示方式、样式和行为。我们将创建的 HTML 文件作为编写计算器程序的 Web 应用主页。

第1步▶ 在 Visual Studio 2015 中创建 Web 项目，执行"文件→新建→网站→ASP.NET 空网站"命令，如图 7-2 所示。

图 7-2　新建 ASP.NET 空网站

第2步 ▶ 添加空白HTML文件，右击"解决方案"下方的"calcuator"选项，在弹出的菜单中选择"添加→添加新项→HTML页"命令，如图7-3所示。

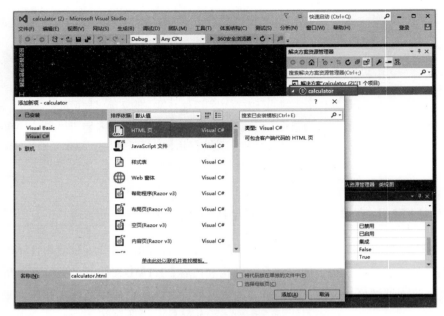

图 7-3　添加 HTML 页

第3步 ▶ 让ChatGPT生成HTML文件代码，并将代码复制到新生成的calculator.html文件中。

> 🔟 **提示词：**　　我想在Visual Studio中用C#语言编写一个Web应用程序，实现计算器功能。请给出HTML文件代码，即Web应用程序主页的代码。

> 💲 **ChatGPT：**　　以下是一个简单的HTML文件（calculator.html），这个文件是计算器应用程序的主页，用于构建用户界面。它包含一个用于显示计算结果的文本输入框（<input type="text" id="display" readonly>）和一组按钮（<button>）用于输入数字和操作符。通过使用onclick属性，对按钮与JavaScript函数进行关联，实现单击按钮时执行相应的操作。
>
> ```
> <!DOCTYPE html>
> <html>
> <head>
>     <title>Calculator</title>
>     <link rel="stylesheet" type="text/css"
> ```

```html
href="calculator.css">
</head>
<body>
    <div class="calculator">
        <input type="text" id="display" readonly>
        <div class="buttons">
            <div class="row">
                <button
onclick="appendNumber('7')">7</button>
                <button
onclick="appendNumber('8')">8</button>
                <button
onclick="appendNumber('9')">9</button>
                <button onclick="appendOperat
or('+')">+</button>
            </div>
            <div class="row">
                <button
onclick="appendNumber('4')">4</button>
                <button
onclick="appendNumber('5')">5</button>
                <button
onclick="appendNumber('6')">6</button>
                <button onclick="appendOperat
or('-')">-</button>
            </div>
            <div class="row">
                <button
onclick="appendNumber('1')">1</button>
                <button
onclick="appendNumber('2')">2</button>
                <button
onclick="appendNumber('3')">3</button>
                <button onclick="appendOperat
or('*')">*</button>
            </div>
            <div class="row">
                <button
onclick="appendNumber('0')">0</button>
                <button onclick="calculate()">=</
```

```
button>
                <button onclick="clear()">C</button>
                <button onclick="appendOperat
or('/')">/</button>
        </div>
    </div>
</div>
<script src="calculator.js"></script>
</body>
</html>
```

这段代码创建了一个简单的计算器应用程序，包含一个文本框用于显示计算结果，以及各种按钮用于输入数字和运算符。通过 JavaScript 的函数来实现对按钮单击事件的处理，将按钮的值附加到结果文本框中，并可以进行计算和清除操作。

第4步 ► 按 F5 键，运行 calculator.html 网页，得到计算器程序 Web 应用主页的初始状态，如图 7-4 所示。

图 7-4　计算器程序 Web 应用主页初始状态

7.3.3　CSS 文件定义计算器界面样式

接下来，需要对计算器程序 Web 应用主页的界面进行 CSS 样式设置。CSS（层叠样式表）文件主要作用是为网页添加样式，包括字体、颜色、边框、背景、布局等，在 HTML 文件中引入该文件，可以将这些样式应用到 HTML 元素上，用于定义网页的外观和布局，为用户提供更好的视觉体验。

第1步 ► 添加空白 CSS 文件，右击"解决方案"下方的"calculator"选项，在弹出的菜单中选择"添加→添加新项→样式表"命令，如图 7-5 所示，便可生成 calculator.css 文件。

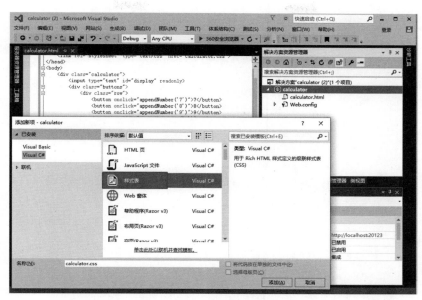

图 7-5　添加空白 CSS 文件

第2步 ▶ 让 ChatGPT 生成 CSS 文件代码，并将代码复制到新生成的 calculator. css 文件中，用于定义计算器界面的样式。

> 🔟 **提示词：** 接下来，请写出 CSS 文件，用于计算器界面的样式设置。

🌀 **ChatGPT：** 以下是一个简单的 CSS 文件（calculator.css），这个文件定义了计算器应用程序的样式和布局，它使用 CSS 选择器来选中 HTML 元素，并应用样式规则来控制它们的外观和行为。在这个示例中，CSS 文件定义了计算器容器的样式（背景颜色、边框、边框半径等）、文本输入框的样式（宽度、边距、字体大小等）及按钮的样式（宽度、填充、字体大小等）。

```
.calculator {
    width: 200px;
    margin: 50px auto;
    padding: 10px;
    background-color: #f2f2f2;
    border: 1px solid #ccc;
    border-radius: 5px;
    text-align: center;
}
#display {
```

```
        width: 100%;
max-width:180px;
        margin-bottom: 10px;
        padding: 5px;
        font-size: 20px;
        text-align: right;
}
.buttons {
        display: grid;
        grid-template-columns: repeat(4, 1fr);
        grid-gap: 5px;
}
button {
        width: 100%;
        padding: 10px;
        font-size: 18px;
}
```

第3步 ▶ 按F5键，运行calculator. html网页，得到计算器程序Web应用主页引入CSS文件后的页面，效果如图7-6所示。可以看到，定义CSS样式后的网页页面相比网页初始页面更美观、友好。

图7-6 定义CSS样式后的页面

7.3.4 JavaScript文件实现计算器计算功能

最后，我们生成JavaScript文件，用于实现计算器的交互计算功能。JavaScript是一种用于开发交互式网页和网页应用的脚本语言，可以用于创建网页交互、表单验证、动画效果、数据处理、异步请求等各种功能。在HTML文件中引入JavaScript文件，可以在网页加载时执行JavaScript代码，实现网页的交互和动态效果。

第1步 ▶ 添加空白JavaScript文件，在"解决方案"下方右击"calculator"选

项，在弹出的菜单中选择"添加→添加新项→JavaScript文件"命令，如图7-7
所示。

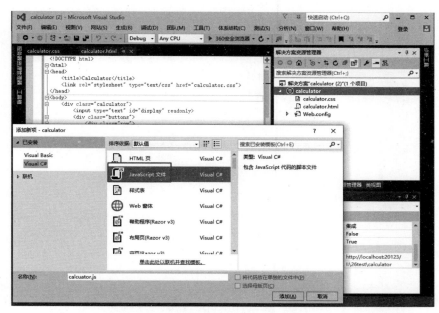

图 7-7　添加空白 JavaScript 文件

第2步 ▶ 让ChatGPT生成JavaScript文件代码，并将代码复制到新生成的
calculator.js文件中。

🔟 **提示词：**　　接下来，请写出JavaScript文件代码，用于计算器计算功能的实现。

⑤ ChatGPT：　　以下是一个简单的JavaScript文件（calculator.js），这个文件
包含了计算器应用程序的逻辑和功能。它定义了几个JavaScript函
数，用于处理用户的输入和执行计算操作。appendNumber(number)
函数将单击的数字添加到当前输入数字的末尾，并更新显示。
appendOperator(operator)函数将单击的操作符保存为当前操作符，
并将当前输入数字保存为结果，准备执行下一步计算。calculate()函数
根据当前操作符执行计算，并更新显示结果。clear()函数用于清除所有
输入和结果，并将显示重置为空。

```
let display = document.getElementById('display');
let currentNumber = '';
let currentOperator = '';
```

```
let result = 0;
function appendNumber(number) {
    currentNumber += number;
    display.value = currentNumber;
}
function appendOperator(operator) {
    if (currentOperator !== '') {
        calculate();
    }
    currentOperator = operator;
    result = parseFloat(currentNumber);
    currentNumber = '';
}
function calculate() {
    let number = parseFloat(currentNumber);
    if (currentOperator === '+') {
        result += number;
    } else if (currentOperator === '-') {
        result -= number;
    } else if (currentOperator === '*') {
        result *= number;
    } else if (currentOperator === '/') {
        result /= number;
    }
    display.value = result;
    currentNumber = '';
    currentOperator = '';
}
function clear() {
    currentNumber = '';
    currentOperator = '';
    result = 0;
    display.value = '';
}
```

代码中定义了一些变量，如display用于获取显示器元素，currentNumber用于保存当前输入的数字，currentOperator用于保存当前的操作符，result用于保存计算结果。

第3步 ▶ 按F5键，运行calculator.html网页，得到计算器程序Web应用主页引入JavaScript文件后的页面，单击计算器上的"3"按钮，计算器输入框中即会显示"3"，如图7-8所示，证明JavaScript文件实现了页面交互功能。

图 7-8　单击按钮，交互成功

7.3.5 案例运行与展示

我们用计算器来完成乘法"3×33"的运算，依次单击计算器上的"3""*"和"3""3"按钮，然后单击"="按钮，得到如图7-9所示的计算结果。可以看到，计算器运算结果正确。至此，我们借助ChatGPT顺利地完成了计算器编程的项目。

图 7-9　得到正确的计算结果

⚠ **温馨提示**　由于输入的上下文和提示词不同，读者使用ChatGPT生成的代码和得到的界面效果可能会与示例有所不同。这是因为ChatGPT是基于对输入内容的预测和生成来产生输出，而输入内容的变化可能会导致生成的代码和界面效果有所差异。

本章小结

本章概述了编程入门的基础知识，介绍了常用的编程工具和编程语言，探讨了 ChatGPT 在编程中的应用，包括代码生成、问题求解、代码优化等。通过一个计算器 Web 程序的实例，展示了如何利用 ChatGPT 快速完成程序开发，并验证了生成的代码的功能。通过本章的学习，读者能够获得编程方面的新思路，以完成编程学习和开发工作。此外，本章还提到了编程的扩展内容，如虚拟化和容器化工具、版本控制系统等。对这些内容感兴趣的读者，建议进一步探索和学习。

第8章

ChatGPT 的办公应用

本章导读

　　本章主要介绍ChatGPT在办公方面的应用。8.1节将详细介绍如何在办公软件Word中添加ChatGPT插件，包括获取ChatGPT的API密钥、启用宏，以及通过VBA编写宏代码实现插件的添加；成功在Word工具栏中添加ChatGPT插件后，通过实例展示如何在Word中灵活使用ChatGPT。8.2节进一步探讨办公软件Excel与ChatGPT相结合的应用，介绍了如何创建数据样表，并展示了ChatGPT在表格处理方面的诸多优势。8.3节引入ChatGPT在PPT制作方面的应用，通过ChatGPT提供的PPT大纲功能，结合第三方软件MindShow，可以轻松创建出精美的PPT，极大地简化了制作PPT的烦琐过程，大大提高了制作效率。

　　通过本章的学习，读者可以深入了解ChatGPT在办公领域的重要性。ChatGPT作为一款强大的语言模型，能够提高办公效率、节省时间，并为用户带来灵感。它的应用范围广泛，涵盖了Word、Excel和PPT等办公软件，为用户提供了便捷而高效的工作体验。

8.1　ChatGPT在Word中的应用

　　ChatGPT可以和办公软件Word结合使用，完成Word文档的创建工作。ChatGPT在辅助创建Word文档时，可以完成文档编辑和修订、拼写和语法检查、自动完成和建议、摘要生成和提取信息、文档格式调整、智能搜索和引用等操作。将ChatGPT作为Word插件，可以在撰写文档的过程中直接利用其智能化的语言处理能力，提高写作效率和文档质量。下面介绍如何在Word中加入ChatGPT插件，并使用该插件生成Word文档。

> ⚠️ **温馨提示** 虽然 ChatGPT 在这些应用中提供了一些帮助，但它仍然是一个语言模型，可能存在一些限制和错误。在重要的商业或专业文档中，建议仔细审查和验证信息的准确性，并将 ChatGPT 的输出作为参考而非最终结果。

8.1.1 获取 ChatGPT 的 API key

ChatGPT 的 API 密钥（API key）是一种用于访问 OpenAI API 的身份验证凭证。它是一串唯一的字符组合，用于标识和验证 API 用户的身份。

API 密钥的作用是控制对 OpenAI API 的访问权限。只有 API 请求中包含有效的 API 密钥，用户才可以向 OpenAI 提交文本生成任务，并获得模型生成的响应。API 密钥是一种安全机制，确保只有授权的用户可以使用 OpenAI 的服务。它允许 OpenAI 对 API 的使用进行限制和跟踪，以确保合理地使用和资源管理。

通过分发和管理 API 密钥，OpenAI 可以对 API 的使用进行跟踪和管理，包括控制每个密钥的使用配额、监控资源消耗、实施安全策略等。这有助于确保 API 的可用性和稳定性，并防止滥用或未经授权的使用。

下面我们来完成创建并获取 API key 的操作。

第1步 ▶ 登录 OpenAI 官网，页面提示"认证要求，请登录进入此页面"，单击"Log in"按钮进入下一步，如图 8-1 所示。

第2步 ▶ 进入登录页面，在"Email address"文本框中输入用户名，单击"Continue"按钮进入下一步，如图 8-2 所示。

图 8-1　OpenAI 官网页面

图 8-2　输入用户名

第3步 ▶ 在"Password"文本框中输入密码，单击"Continue"按钮进入下一步，如图 8-3 所示。

第4步 ▶ 单击页面右上方的头像图标 ❶，在弹出的下拉菜单中，选择"View API keys"选项，如图 8-4 所示。

图 8-3　输入密码　　　　　　　　图 8-4　选择 "View API keys"

第5步 ● 单击 "Create new secret key" 按钮进入下一步，如图 8-5 所示。

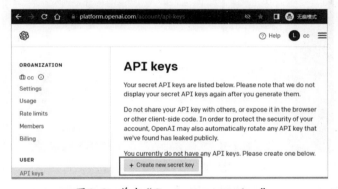

图 8-5　单击 "Create new secret key"

第6步 ● 使用默认名称，单击 "Create secret key" 按钮进入下一步，如图 8-6 所示。

图 8-6　单击 "Create secret key"

第7步 ● API key 已经生成，单击字符串右侧的 "复制" 按钮，复制 API

key，如图8-7所示。

图 8-7　复制 API key

第8步 ▶ 页面提示 API key 复制成功，如图 8-8 所示。

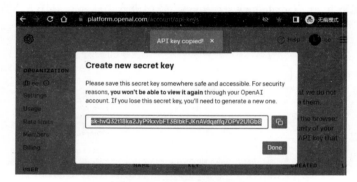

图 8-8　API key 复制成功

第9步 ▶ 单击 "Done" 按钮，完成 API key 创建，如图 8-9 所示。

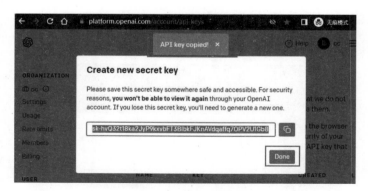

图 8-9　完成 API key 创建

第10步 ▶ 打开 Word 文档或其他格式文档，将复制的 API key 粘贴并保存，以便需要时使用，如图 8-10 所示。

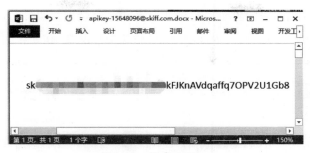

图 8-10　保存 API key

⚠️ **温馨提示**　创建 API key 后，页面不会再次显示该 API key，所以用户需要保存好 API key。同时，不要与他人共享您的 API key，也不要在浏览器或其他客户端代码中公开它。为了保护账户安全，OpenAI 可能自动轮换公开泄露的 API key。

8.1.2　启用宏

在 Word 中，可以通过创建和运行宏自动执行常用任务。宏是一系列命令和说明，可以组合为单个命令来自动完成任务。为保障安全，避免宏病毒，在 Word 中宏是默认关闭的。编写宏文件需要先开启宏。接下来将演示在 Word 中编写 ChatGPT 宏文件的过程。

第1步 ▶ 新建 Word 文档，单击菜单栏中的"文件"选项，如图 8-11 所示。

第2步 ▶ 单击左侧的"更多"选项，然后在弹出的菜单中单击"选项"按钮，如图 8-12 所示。

图 8-11　单击"文件"　　　　　　图 8-12　单击"更多→选项"

第3步 ● 单击打开的界面左下方的"信任中心"选项，如图8-13所示。

第4步 ● 在"信任中心"界面中单击"信任中心设置"按钮，如图8-14所示。

图 8-13　单击"信任中心"　　　　　　图 8-14　单击"信任中心设置"

第5步 ● 选择"启用所有宏"单选按钮，并单击"确定"按钮，如图8-15所示。

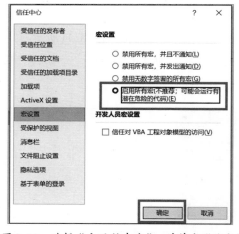

图 8-15　选择"启用所有宏"，并单击"确定"

⚠ **温馨提示**　本书实例演示使用的是Word 2016，读者操作时可能会因为所用软件版本不同，导致界面显示及操作步骤略有差异。

8.1.3　Word工具栏加载开发工具

为了在Word中方便地编写宏文件，需要将"开发工具"添加到Word工具栏中。这样可以更直接地访问和使用这些宏相关的功能，提高编写宏文件的效率和便捷性。

具体操作步骤如下。

第1步 ● 新建 Word 文档，单击菜单栏中的"文件"选项，如图 8-16 所示。

第2步 ● 单击界面左侧的"更多"选项，然后在弹出的菜单中单击"选项"按钮，如图 8-17 所示。

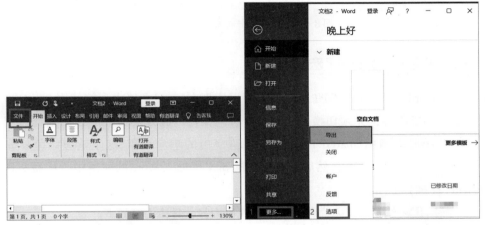

图 8-16 单击"文件"　　　　图 8-17 单击"更多→选项"

第3步 ● 单击打开的界面中的"自定义功能区"选项，如图 8-18 所示。

第4步 ● 勾选"自定义功能区"中的"开发工具"复选框，然后单击"确定"按钮，如图 8-19 所示。

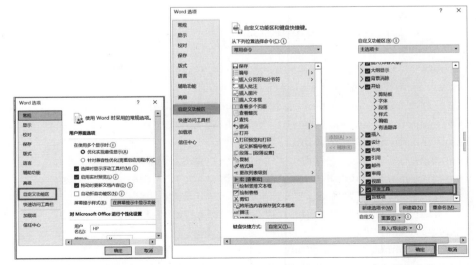

图 8-18 单击"自定义功能区"　　　图 8-19 勾选"开发工具"，单击"确定"

第5步 ▶ 工具栏中新增了"开发工具"选项卡，如图8-20所示。

图8-20　工具栏中新增"开发工具"

8.1.4　编写ChatGPT宏文件

在Word中调用ChatGPT宏文件，可以实现在Word文档中直接使用ChatGPT模型来生成内容，无须切换到ChatGPT官网操作。此处宏文件的作用是通过宏文件发送请求调用ChatGPT接口，并获取API的响应结果，这个响应结果就是ChatGPT生成的新文本，然后，将生成的新文本插入Word的段落中，从而实现ChatGPT插件的功能。

第1步 ▶ 编写一段宏文件，并复制代码内容，具体内容如下。

```
Sub ChatGPT()
Dim selectedText As String
Dim apiKey As String
Dim response As Object, re As String
Dim midString As String
Dim ans As String
If Selection.Type = wdSelectionNormal Then
selectedText = Selection.Text
selectedText = Replace(selectedText, ChrW$(13), "")
apiKey = "替换为您的ChatGpt的API key值"
URL = "https://api.openai.com/v1/chat/completions"
Set response = CreateObject("MSXML2.XMLHTTP")
response.Open "POST", URL, False
response.setRequestHeader "Content-Type", "application/json"
response.setRequestHeader "Authorization", "Bearer " + apiKey
response.Send "{""model"":""gpt-3.5-turbo"", ""messages"":[
{""role"":""user"",""content"":""" & selectedText & """}],
""temperature"":0.7}"
re = response.responseText
midString = Mid(re, InStr(re, """content"":""") + 11)
ans = Split(midString, """")(0)
```

```
ans = Replace(ans, "\n", "")
Selection.Text = selectedText & vbNewLine & ans
Else
Exit Sub
End If
End Sub
```

⚠️ **温馨提示**　此段代码中 API key 的值需要替换为之前创建的 API key 字符串。

第2步▶ 在"开发工具"选项卡中，单击"Visual Basic"按钮，如图 8-21 所示。

第3步▶ 在 VBA 窗口中，单击"插入→模块"命令，如图 8-22 所示。

图 8-21　单击"Visual Basic"　　　　图 8-22　单击"插入→模块"

第4步▶ 将之前复制的代码粘贴至工作区，如图 8-23 所示，然后关闭窗口。

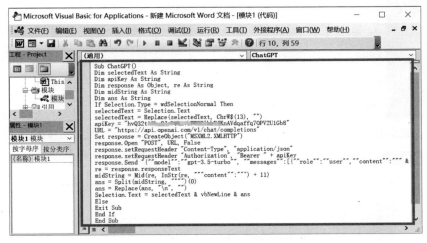

图 8-23　粘贴代码

8.1.5　为 Word 增加 ChatGPT 插件

为了更方便地使用 ChatGPT 插件，在完成宏文件的编写后，我们可以将 ChatGPT 插件的图标添加到 Word 的快捷工具栏上，单击该图标，就可以快速调用

ChatGPT模型，提高文本生成和创作的效率。

第1步 ◦ 返回Word文档编辑区，单击菜单栏中的"文件"选项，如图8-24所示。

图 8-24　单击"文件"

第2步 ◦ 单击左侧的"更多"选项，然后在弹出的菜单中单击"选项"按钮，如图8-25所示。

第3步 ◦ 单击打开的界面中的"自定义功能区"选项，如图8-26所示。

图 8-25　单击"更多→选项"　　　　　图 8-26　单击"自定义功能区"

第4步 ◦ 单击"常用命令"，然后选择"宏"，如图8-27所示。

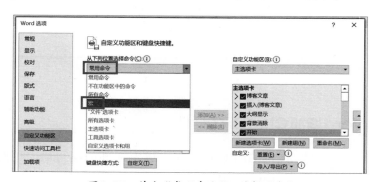

图 8-27　单击"常用命令"，选择"宏"

第5步 选择"Project.模块1.ChatGPT"选项，然后单击"添加"按钮，如图 8-28 所示。

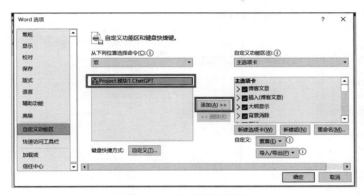

图 8-28　单击"添加"按钮

第6步 在弹出的对话框中单击"确定"按钮，如图 8-29 所示。

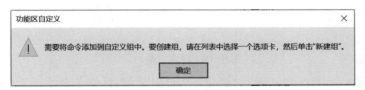

图 8-29　单击"确定"

第7步 在"主选项卡"中勾选"开始"复选框，单击"新建组"按钮，如图 8-30 所示，"开始"目录下会增加"新建组（自定义）"。

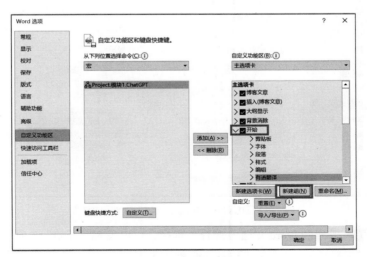

图 8-30　单击"新建组"

第8步 ▶ 单击"添加"按钮，如图8-31所示。

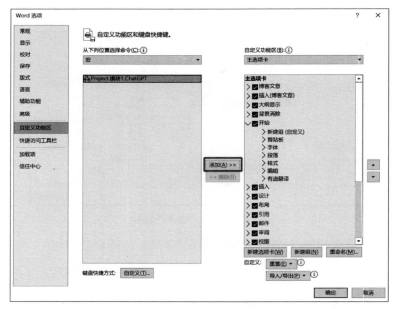

图8-31　单击"添加"

第9步 ▶ 如图8-32所示，"新建组（自定义）"目录下新增了"Project.模块1.ChatGPT"选项，单击"确定"按钮。

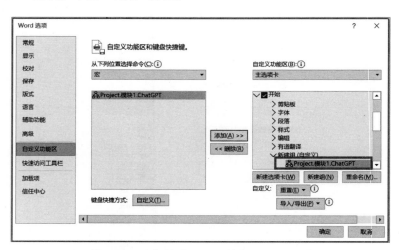

图8-32　已新增"Project.模块1.ChatGPT"

第10步 ▶ 返回到Word文档，查看工具栏，可以发现"开始"选项卡中新增了一个"Project.模块1.ChatGPT"插件，如图8-33所示。至此，在Word工具栏中增加 ChatGPT 插件的操作全部完成。

图 8-33 已新增"Project.模块 1.ChatGPT"

第11步● 执行"文件→更多→选项"命令，单击"自定义功能区"选项，在"开始→新建组（自定义）"中选中"Project.模块 1.ChatGPT"选项，单击"重命名"按钮，对 ChatGPT 插件的图标和名称进行修改，如图 8-34 所示。

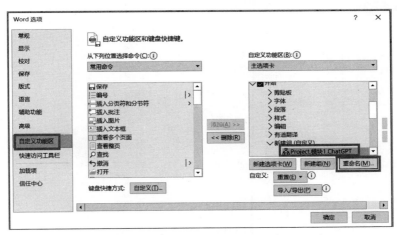

图 8-34 选中"Project.模块 1.ChatGPT"单击"重命名"

第12步● 在弹出的对话框中选择一个图标，并在"显示名称"文本框中输入新名称，如图 8-35 所示。

第13步● 类似上两步操作，执行"文件→更多→选项"命令，单击"自定义功能区"选项，在"开始"中选中"新建组（自定义）"选项，单击"重命名"按钮，对新建组进行重命名，如图 8-36 所示。

第14步● 在弹出的对话框的"显示名称"文本框中输入新名称，如图 8-37 所示。

图 8-35 选择图标并重命名

图 8-36 选中"新建组（自定义）"单击"重命名"　　图 8-37 为新建组重命名

第15步● 修改后如图 8-38 所示。

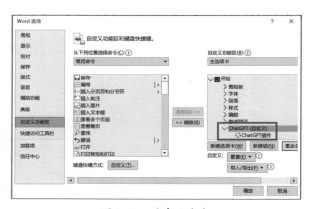

图 8-38 重命名完成

第16步● 按住鼠标左键将"ChatGPT（自定义）"拖曳至"开始"目录下最前面的位置，如图 8-39 所示，单击"确定"按钮。

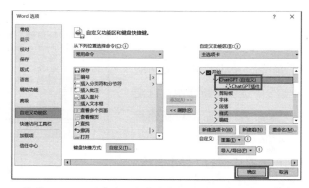

图 8-39 将"ChatGPT（自定义）"拖曳至"开始"目录下最前面的位置

第17步▶ 返回 Word 文档，查看工具栏，"开始"选项卡最左侧显示为 "ChatGPT 插件"，如图 8-40 所示，接下来我们利用该插件完成 Word 文档的生成。

图 8-40　ChatGPT 插件的位置

⚠️ **温馨提示**　运行宏后，建议将信任中心的宏设置选项还原为默认设置，即禁用宏。

8.1.6 实例：用 ChatGPT 插件自动创建 Word 文档内容

下面，我们通过运行 ChatGPT 插件，实现在 Word 文档中直接与 ChatGPT 进行对话。在 Word 文档编辑区中输入"我是一名初中物理老师，同时也担任初三4班的班主任，请帮我给即将毕业的学生们写一篇毕业致辞。"并选中编辑区中的文字，执行"开始→ChatGPT 插件"选项，如图 8-41 所示，ChatGPT 就会在文档中给出回复。

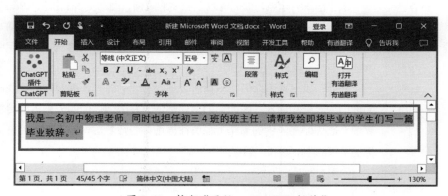

图 8-41　执行"开始→ChatGPT 插件"

💬 **提示词：**　　我是一名初中物理老师，同时也担任初三4班的班主任，请帮我给即将毕业的学生们写一篇毕业致辞。

---

⑤ **ChatGPT：**　　亲爱的同学们：

时光荏苒，转眼间，我们即将迎来初中生涯的终点，毕业的钟声即将敲响。作为你们的物理老师和班主任，我感到无比骄傲和欣慰。回首这三年，我们一起度过了许多难忘的时刻，共同成长、努力奋斗。今天，我站在这里，代表所有老师向你们致以最真挚的祝福和告别。

初中生活是我们人生中一段宝贵的时光，是我们成长的重要阶段。在这三年里，你们不仅学会了知识，还培养了友谊、拓展了眼界、锻炼了自己。回想我们一起探索物理世界的点滴，我想起了你们满脸疑惑却不放弃的眼神；想起了你们在实验室里手忙脚乱却一丝不苟的场景；想起了你们面对困难时坚持不懈的勇气和努力。你们展现了无限的潜力和才华，每个人都是独一无二的存在。

在学习物理的过程中，你们也明白了科学的力量和思维的重要性。物理是一门奇妙而有趣的学科，它教会我们如何观察、思考和解决问题。物理的原理存在于我们周围的一切事物中，我们可以从中学到很多有关世界的真理。我希望你们能继续保持对知识的渴望，不断追求科学的进步，用物理的智慧解读世界的奥秘。

除了学业上的成就，我更看重你们在这三年里的品德和人格培养。品德是我们做人的根本，它决定了我们与人相处的方式和我们的人生态度。在班级中，你们展现了团结友爱、互助合作的精神，这种精神将伴随你们一生。我相信你们将成为优秀的人才，为社会做出贡献，成为未来的栋梁之材。

毕业是新的起点，你们将踏上更高的阶梯，面对更多的挑战和机遇。我希望你们不忘初心，坚定自己的目标，为自己的梦想奋斗。无论前方的路有多曲折，多崎岖，只要你们保持对未来的信心和勇气，就一定能够战胜困难，实现自己的理想。

最后，我想感谢你们给予我这段难以忘怀的时光，感谢你们让我成为你们的老师和朋友。我为你们感到骄傲，并相信你们的未来将会更加辉煌。愿你们在人生的道路上，勇往直前，心怀梦想，追求卓越。祝福你们未来的学业顺利、前程似锦！

谢谢大家！

⚠ **温馨提示** 如果 OpenAI API 版本升级或 API 调用文档有变化，则代码应该进行相应的修改。

8.2　ChatGPT在Excel中的应用

在 Excel 中 ChatGPT 可以协助完成多项辅助办公应用。例如，帮助用户进行数据分析和处理，包括计算统计指标、数据筛选、排序等操作。同时，它还能自动化生成报表，根据用户需求和数据生成格式化的报表。此外，ChatGPT能够协助进行数据清洗和转换，如删除重复值、填充空白单元格、格式转换等。如果用户在使用Excel时遇到问题，ChatGPT能够提供错误排除和帮助，解决用户的疑问。ChatGPT还可提供Excel使用指南，向用户提供关于Excel功能和用法的详细说明。总之，在Excel中ChatGPT能够提供全方位的辅助办公支持。下面我们来学习在Excel中怎么利用ChatGPT插件协助完成工作任务。

8.2.1 实例：快速创建Excel样表

当我们需要一份具有样表格式和数据的文档时，可以通过一句话让ChatGPT生成一份完整的样表。ChatGPT将根据我们的描述，自动生成符合要求的样表，满足我们的需求，我们无须到处搜索或费心编写。ChatGPT使我们获取样表变得更加便捷和高效，节省了时间和精力。下面我们来学习快速创建Excel样表的操作方法。

第1步 ► 我们准备以一个Excel销售表格为实例进行操作，使用ChatGPT协助生成一份Excel销售样表。

🔟 **提示词：** 请为我生成一份Excel样表，主题是销售数据，我需要用作Excel表格操作的练习。

⑤ **ChatGPT：** 我可以为您生成一份Excel表格数据样表。以下是一个简单的销售数据样本，包含了产品名称、销售数量、销售单价、销售金额和销售时间五列内容。

产品名称	销售数量	销售单价	销售金额	销售时间
手机	100	500	50000	4月
电视	50	500	25000	3月
笔记本电脑	30	2000	60000	2月
耳机	80	100	8000	1月
手机	120	550	66000	6月
电视	60	550	33000	5月
笔记本电脑	40	2100	84000	3月
耳机	90	120	10800	2月

第2步 ► 将ChatGPT生成的样表复制后粘贴到Excel空白工作簿中，发现所

有数据都被填入了一个单元格，与我们需要的样表格式有区别，我们可以去询问 ChatGPT。

> **提示词：** 我将这个表格粘贴到 Excel 时，所有数据被填入了同一个单元格中，你能生成带有表格线的 Excel 表格吗？

> **ChatGPT：** 很抱歉，作为一个文本模型，我无法直接生成具有表格线的 Excel 文件。然而，您可以在 Excel 中轻松地添加表格线。

第3步 我们接着询问 ChatGPT，怎样将一个单元格中的数据分离到各个单元格中。

> **提示词：** 怎样将 Excel 中一个单元格中的多个数据分别填入不同的单元格？

> **ChatGPT：** 要将一个单元格中的多个数据快速地分别填入不同的单元格，可以使用 Excel 的文本到列功能。按照以下步骤进行操作。
>
> 1. 选中包含多个数据的单元格。
>
> 2. 在 Excel 的菜单栏中，找到"数据"选项卡，然后在"数据工具"分组中，您将找到一个名为"文本到列"的图标。
>
> 3. 单击"文本到列"图标，弹出"文本向导"对话框。
>
> 4. 在"文本向导"对话框中，选择"分隔符"选项，并勾选对应的分隔符选项，如逗号、空格或其他分隔符，以便分隔每个数据。
>
> 5. 预览下方的数据预览区域，确保数据被正确分列。
>
> 6. 单击"下一步"按钮。
>
> 7. 在第 2 步中，您可以选择每列数据的数据格式，也可以选择不导入某些列。
>
> 8. 单击"完成"按钮，Excel 将根据您的设置将每个数据分别填入相应的单元格中。
>
> 通过这个方法，您可以快速将一个单元格中的多个数据分别填入不同的单元格中。请注意，如果数据中包含了额外的空格或其他特殊字符，可能需要进行额外的清理或调整来确保数据分列正确。希望这个方法对您有帮助。如果您有任何其他问题，请随时向我提问。

第4步 按照 ChatGPT 提供的方法，我们可以快速完成所有数据的分列操作，一份销售样表创建成功，如图 8-42 所示。在 ChatGPT 的协助下，创建样表非常轻松、便捷。

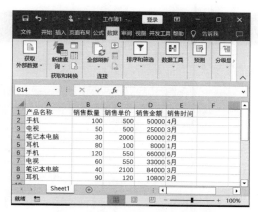

图 8-42　销售样表创建成功

8.2.2　实例：计算重复值

我们可以看到样表中"产品名称"列有重复值，如果我们想知道相同的产品名称的条数，应该怎样操作呢？让我们来问问 ChatGPT。

> 🔟 提示词：　　　　我想计算"产品名称"列，"手机"出现的条数。请用 Excel 公式来计算。

> ⑤ ChatGPT：　　　要在 Excel 中计算产品名称列中特定产品（如手机）出现的条数，您可以使用 COUNTIF 函数。以下是在 Excel 中使用 COUNTIF 函数的示例公式：
>
> =COUNTIF（产品名称列范围，"目标产品名称"）
>
> 在上述公式中，将"产品名称列范围"替换为实际包含产品名称的列范围，将"目标产品名称"替换为您要计算出现条数的具体产品名称。在您提供的数据表格中，假设产品名称列范围是 A2:A9，目标产品名称是"手机"，则可以使用以下公式计算手机重复出现的条数：
>
> =COUNTIF(A2:A9，"手机")
>
> 将上述公式输入合适的单元格中，即可得到产品名称列中"手机"重复出现的条数。

根据 ChatGPT 的回答，使用 COUNTIF(A2:A9, "手机") 函数来完成计算，如图 8-43 所示。即便对 COUNTIF 函数不熟悉，我们也可以在 ChatGPT 的提示下完成重复值的计算。

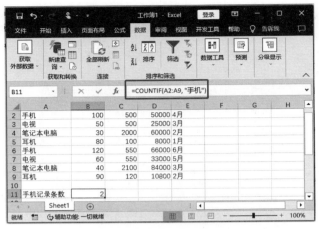

图 8-43　使用 COUNTIF 函数完成计算

8.2.3　实例：计算重复值的总金额

接下来，我们想计算所有"手机"的销售总金额，又该怎样操作呢？让我们再来问问 ChatGPT。

🔟 **提示词：**　　我想计算"产品名称"列，"手机"的"销售金额"的总和。请用 Excel 公式来计算。

---

⑤ **ChatGPT：**　　要计算"产品名称"列为"手机"的"销售金额"的总和，您可以使用 SUMIF 函数结合条件来实现。以下是在 Excel 中使用 SUMIF 函数的示例公式：

=SUMIF (产品名称列范围，"目标产品名称"，销售金额列范围)

在上述公式中，将"产品名称列范围"替换为实际包含产品名称的列范围，将"目标产品名称"替换为您要计算总和的具体产品名称，将"销售金额列范围"替换为实际包含销售金额的列范围。

在您提供的数据表格中，假设"产品名称"列范围是 A2:A9，"销售金额"列范围是 D2:D9，目标产品名称是"手机"，则可以使用以下公式计算"手机"的"销售金额"的总和：

=SUMIF(A2:A9，"手机"，D2:D9)

将上述公式输入合适的单元格中，即可得到"产品名称"列为"手机"的"销售金额"的总和。

根据ChatGPT的回答，使用SUMIF(A2:A9, "手机", D2:D9)函数来完成计算，如图8-44所示。即便我们对SUMIF函数不熟悉，也可以在ChatGPT的提示下完成重复值总额的计算。

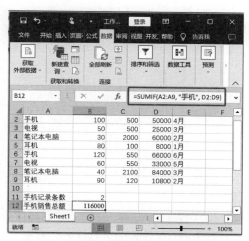

图8-44 使用SUMIF函数完成计算

8.2.4 实例：编写VBA代码增加复选框

接下来，我们想要实现的效果是，每条记录可以被勾选，即在"产品名称"列显示复选框。

原本，我们可以使用"开发工具→复选框→设置单元格链接"命令来实现，但是该表中有8条数据，我们需要把相同的操作重复8次，如果数据的数量更多，那么需要重复操作的次数就更多，为了提高工作效率，这些任务我们可以交给ChatGPT，让它来编写VBA代码实现添加复选框及复选框能被勾选的操作。

> 🔟 **提示词：** 生成VBA代码，实现以下功能：在上面的表格中，在A1:A9单元格区域增加复选框，同时与A1:A9产生单元格链接。

> ⑨ **ChatGPT：** 在Excel中，要在"产品名称"列增加复选框，可以使用"复选框"控件来实现。以下是在Excel中添加复选框的操作步骤。
>
> ```vba
> vba
> Sub AddCheckBoxes()
>     Dim rng As Range
>     Dim cell As Range
> ```

```
        Dim cb As CheckBox
        Set rng = Range("A2:A9") ' 设置范围，根据实际情况进行
调整
        For Each cell In rng
            Set cb = ActiveSheet.CheckBoxes.Add(cell.
Left, cell.Top, cell.Width, cell.Height)
            With cb
                .Caption = ""
                .Name = ""
                .LinkedCell = cell.Address
                .Display3DShading = False
                .Locked = True
            End With
        Next cell
End Sub
```

请按照以下步骤使用该修正后的VBA代码。

1. 打开Excel，并导航到包含数据的工作表。

2. 按ALT + F11打开VBA编辑器。

3. 在VBA编辑器中，插入一个新的模块。可以在菜单栏中选择"插入"＞"模块"。

4. 将上述修正后的VBA代码复制粘贴到新的模块中。

5. 在代码中，根据实际情况调整范围，确保它与要添加复选框的单元格范围（A2:A9）匹配。

6. 按F5运行宏。

7. 检查指定范围（A2:A9），您将看到在每个单元格上添加的不显示名称和编号的复选框，并且复选框与单元格链接，确保单元格链接只在A2:A9范围内。

这段VBA代码会遍历指定的范围（A2:A9），并在每个单元格上添加不显示名称和编号的复选框。复选框的位置和大小与单元格相匹配，并且与单元格进行了链接，确保单元格链接只在A2:A9范围内。复选框被锁定为只读状态，以防止用户更改复选框的值。

请注意，使用VBA宏需要一定的编程经验，并且需要启用宏功能。确保在运行宏之前备份您的工作表数据。

按照ChatGPT的提示，将代码加入Excel宏模块中，运行后表格增加了复选框，并且实现了记录能够被选中，如图8-45所示。

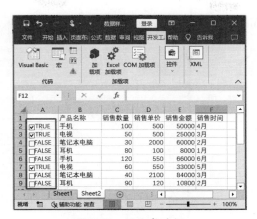

图 8-45　添加复选框

8.2.5　实例：自动显示选中及未选中记录数量

最后一步，我们来实现自动显示选中的和未选中的记录数量。下面，我们还是通过咨询 ChatGPT 来协助我们完成此操作。

> 💬 **提示词：** 　计算选中的和未选中的记录数量，请用 Excel 公式表示。

> ⑤ **ChatGPT：** 　要计算选中的和未选中的记录数量，可以使用 Excel 的计数函数结合条件来实现。假设复选框的链接单元格为 A2:A9，您可以使用以下公式计算选中和未选中的记录数量。
>
> 　　选中的记录数量：
>
> `=COUNTIF(A2:A9,TRUE)`
>
> 　　未选中的记录数量：
>
> `=COUNTIF(A2:A9,FALSE)`
>
> 　　这两个公式将在 A2:A9 范围内计算为 TRUE（选中）的记录数量和为 FALSE（未选中）的记录数量，从而给出选中和未选中的记录数量。
>
> 　　请注意，上述公式假设复选框的链接单元格包含的是 TRUE 或 FALSE 值，如果复选框的链接单元格包含的是其他值（如 1 或 0），则需要相应地调整公式中的条件。

按照 ChatGPT 给出的公式，在 Excel 表格中选中一个单元格，输入"=COUNTIF (A2:A9,TRUE)"显示选中记录的数量，输入"=COUNTIF(A2:A9, FALSE)"显示未选中记录的数量。当勾选记录时，这两个单元格自动显示出选中记录的数量和未选中记录的数量，如图 8-46 及图 8-47 所示。

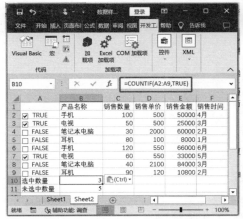
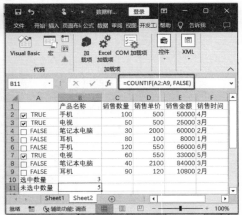

图 8-46　选中记录的数量　　　　　图 8-47　未选中记录的数量

8.3　ChatGPT在PPT中的应用

随着 AI 的发展，人们越来越多地将其应用于生活及工作中。本节将结合 ChatGPT 进行 PPT 大纲生成及 Markdown 语言转换，帮助读者了解 PPT 文档自动生成平台 MindShow 的使用方法，并掌握如何快速生成 PPT 文档。

8.3.1　实例：ChatGPT快速生成PPT大纲

我们以对话的形式向 ChatGPT 提出要求，读者可以以 "PPT 题目→大纲→文案" 为 PPT 文档内容的生成逻辑，与 ChatGPT 交流。

> **提示词：** 我需要制作一个介绍 AI 的 PPT 文档，请帮我想一个题目。

> **ChatGPT：** 当涉及制作介绍 AI 的 PPT 文档时，一个引人注目且相关的题目是至关重要的。以下是一个可能的题目建议：
>
> "AI 探秘：揭开人工智能的神秘面纱"
>
> 这个题目既能够吸引观众的注意力，又能够激发他们对人工智能的好奇心。它也传达了你将在 PPT 中提供深入的信息，让观众对 AI 有一个全面的了解。
>
> 根据这个题目，你可以展开讨论 AI 的定义、应用领域、工作原理、

优势和挑战等方面的内容，以揭示人工智能背后的技术和潜力。

🔟 **提示词：**　　以这个题目写一份大纲。

🌀 **ChatGPT：**　　当然！以下是根据题目"AI探秘：揭开人工智能的神秘面纱"写的一份大纲建议。

Slide 1: 标题页

引人注目的标题"AI探秘：揭开人工智能的神秘面纱"

可以添加与人工智能相关的图像或图标，以增强视觉效果

Slide 2: 引言

引入人工智能的定义和概念

强调AI在当今社会中的重要性和广泛应用

Slide 3: AI的基本原理

解释AI的基本原理，如机器学习和深度学习

引用具体的案例来说明AI如何学习和适应环境

Slide 4: AI的应用领域

探索AI在不同领域的应用，如医疗、金融、交通等

强调AI的创新和改变在各个行业中的重要性

Slide 5: AI的核心技术

介绍AI的核心技术，如自然语言处理、计算机视觉和机器人技术

解释这些技术如何支持和驱动AI的发展

Slide 6: AI的优势

探讨AI的优势，如提高效率、数据分析和个性化体验

举例说明AI在各个领域中的具体优势和应用案例

Slide 7: AI的挑战

讨论AI面临的挑战，如数据隐私和安全、就业和社会影响、伦理和道德问题等

强调解决这些挑战的重要性和必要性

Slide 8: AI的未来展望

展望AI的未来发展和应用前景

探讨可能的创新和突破，以及AI对社会和人类的影响

Slide 9: 总结

简要回顾AI的定义、原理和应用

强调AI的潜力和重要性，并鼓励观众对AI的探索和了解

Slide 10: 结束语

提供联系信息或参考资料

感谢观众的聆听，并鼓励他们进一步探索 AI 技术的未来

请注意，这只是一个大纲建议，你可以根据自己的需求和内容进行调整和补充。祝你的 PPT 制作顺利！

提示词： 请在此基础上，帮我完成每一页的文案。

ChatGPT： 当然！以下是根据之前提供的大纲，为每一页的 PPT 编写的具体文案。

Slide 1: 标题页

使用大字体和引人注目的标题"AI 探秘：揭开人工智能的神秘面纱"

添加一个视觉效果强大的图像或图标，以吸引观众的注意力和兴趣。

Slide 2: 引言

欢迎大家参加本次 AI 探秘的演讲！

人工智能（AI）是当今社会最热门的话题之一，它正被广泛应用于各个领域，引起了全球的兴趣和关注。

Slide 3: AI 的基本原理

人工智能的基本原理是通过机器学习和深度学习来模仿人类的智能行为。

机器学习是指让计算机系统自动从数据中学习和改进，而深度学习则是通过模拟人脑神经网络的工作方式来实现。

Slide 4: AI 的应用领域

人工智能在各个领域都有重要的应用，如医疗、金融、交通等。

在医疗领域，AI 可以帮助医生进行疾病诊断和治疗方案的制定。

在金融领域，AI 可以进行智能投资和风险管理。

在交通领域，AI 可以用于自动驾驶和交通流优化等。

Slide 5: AI 的核心技术

自然语言处理（NLP）是指让计算机理解和处理人类语言的技术，如语音识别和机器翻译。

计算机视觉（CV）使计算机能够理解和分析图像和视频内容，如人脸识别和图像分类。

机器人技术结合了感知、决策和执行，使机器人能够与环境进行交互和执行任务。

Slide 6: AI 的优势

AI 可以提高效率和自动化工作流程，从而节省时间和人力资源。

AI可以进行大规模的数据分析和预测，帮助企业做出更明智的决策。

AI可以为用户提供个性化的体验和精准的推荐，提高用户满意度和参与度。

Slide 7: AI的挑战

数据隐私和安全是AI面临的重要挑战，需要确保用户数据的安全和隐私权。

AI对就业市场和社会结构可能产生深远影响，需要应对潜在的就业压力和社会不平等问题。

AI的伦理和道德问题也需要被认真对待，如责任问题和人工智能的决策公正性。

Slide 8: AI的未来展望

未来，人工智能将继续发展，并在更多领域取得突破性的进展。

AI将成为创新的驱动力，推动科技进步和社会变革。

预计AI将与人类共同工作，成为人类的助手和合作伙伴。

Slide 9: 总结

通过本次演讲，我们对人工智能有了更深入的了解。

人工智能具有巨大的潜力和优势，但也面临一些挑战和责任。

我们鼓励大家继续探索和了解人工智能的神奇世界。

Slide 10: 结束语

感谢大家的聆听！如有任何问题或想进一步讨论，欢迎与我联系。

提供联系信息或参考资料，以供观众进一步学习和探索人工智能。

请根据上述文案编写每一页的具体内容，并根据需要添加图像、图表和其他视觉元素，以增强演示效果。祝你的PPT制作顺利！

🔟 **提示词：**　　　请将其转换为一个Markdown文档。

⟳ **ChatGPT：**　　　当然！以下是以Markdown格式编写的PPT文档内容：

```yaml
Copy code
# AI探秘：揭开人工智能的神秘面纱
## 引言
欢迎大家参加本次AI探秘的演讲！
人工智能（AI）是当今社会最热门的话题之一，它正被广泛应用于各个领域，引起了全球的兴趣和关注。
---
```

AI 的基本原理

- 人工智能的基本原理是通过机器学习和深度学习来模仿人类的智能行为。
- 机器学习是指让计算机系统自动从数据中学习和改进，而深度学习则是通过模拟人脑神经网络的工作方式来实现。

AI 的应用领域

- 人工智能在各个领域都有重要的应用，如医疗、金融、交通等。
- 在医疗领域，AI 可以帮助医生进行疾病诊断和治疗方案的制定。
- 在金融领域，AI 可以进行智能投资和风险管理。
- 在交通领域，AI 可以用于自动驾驶和交通流优化等。

AI 的核心技术

- 自然语言处理（NLP）是指让计算机理解和处理人类语言的技术，如语音识别和机器翻译。
- 计算机视觉（CV）使计算机能够理解和分析图像和视频内容，如人脸识别和图像分类。
- 机器人技术结合了感知、决策和执行，使机器人能够与环境进行交互和执行任务。

AI 的优势

- AI 可以提高效率和自动化工作流程，从而节省时间和人力资源。
- AI 可以进行大规模的数据分析和预测，帮助企业做出更明智的决策。
- AI 可以为用户提供个性化的体验和精准的推荐，提高用户满意度和参与度。

AI 的挑战

- 数据隐私和安全是 AI 面临的重要挑战，需要确保用户数据的安全和隐私权。
- AI 对就业市场和社会结构可能产生深远影响，需要应对潜在的就业压力和社会不平等问题。
- AI 的伦理和道德问题也需要被认真对待，如责任问题和人工智能的决策公正性。

AI 的未来展望

- 未来，人工智能将继续发展，并在更多领域取得突破性的进展。
- AI 将成为创新的驱动力，推动科技进步和社会变革。
- 预计 AI 将与人类共同工作，成为人类的助手和合作伙伴。

总结

通过本次演讲，我们对人工智能有了更深入的了解。
人工智能具有巨大的潜力和优势，但也面临一些挑战和责任。
我们鼓励大家继续探索和了解人工智能的神奇世界。
———
结束语
感谢大家的聆听！如有任何问题或想进一步讨论，欢迎与我联系。
提供联系信息或参考资料，以供观众进一步学习和探索人工智能。

请将上述文本复制到Markdown编辑器中，即可生成PPT使用的Markdown文件。

8.3.2 实例：用MindShow生成PPT文档

前文已经运用ChatGPT生成了作用于MindShow的Markdown文档，接下来，我们将在MindShow平台进行操作。

第1步 ▶ 进入MindShow官网，如图8-48所示，单击首页右上角的"注册"按钮，进入账户注册页面。

图8-48 MindShow官网

第2步 ▶ 进入账户注册页面后，按照中文提示填写手机号并获取验证码，填写完成后单击"创建账户"按钮提交注册资料，如图8-49所示。

图 8-49　MindShow 账户注册

第3步 ▶ 注册资料提交后，账户注册成功，系统将自动跳转至登录页面，输入手机号和密码，单击"登录"按钮，如图 8-50 所示。

图 8-50　MindShow 账号登录

第4步 ▶ 登录成功后，页面自动跳转至用户操作页面，如图 8-51 所示，单击左侧的"导入"按钮，进入 Markdown 导入页面。

图 8-51　用户操作页面

第5步 ▶ 在 Markdown 导入页面的空白文档栏中，粘贴前文由 ChatGPT 生成的 Markdown 文档，单击"导入创建"按钮进行 PPT 生成预览，如图 8-52 所示。

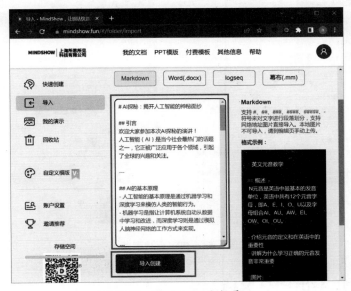

图 8-52　Markdown 文档导入

第6步 ▶ 进入 PPT 预览页面后，依次修改左侧的"副标题""演讲者"和"演讲时间"，并在右侧预览窗口中实时预览，如图 8-53 所示。

图 8-53　PPT 文档预览

第7步 ● 在预览窗口下方的"模板"和"布局"模块中，对 PPT 的模板和页面布局进行调整，直至达到自己满意的效果，如图 8-54 所示。

图 8-54　PPT 文档调整

8.3.3　实例：导出 PPT 文档

前文已经制作了完整的 PPT 文档，接下来我们将文档导出并保存，即可将其应用于学习和工作中。

第1步 ▶ 单击PPT文档预览页面右上角的"下载"按钮，在弹出的选项栏中
选择"PPTX"选项，如图8-55所示。

图 8-55　PPT 文档导出

第2步 ▶ 系统将弹出"提醒"提示框，单击提示框中的"继续生成PPTX"按
钮进行PPT文档下载，如图8-56所示。

图 8-56　PPT 文档导出

第3步 ▶ PPT文档将自动保存至浏览器默认的本地下载地址，如图 8-57 所示。

图 8-57　完整 PPT 文档展示

> **⚠️ 温馨提示**　微软于 2023 年 3 月 16 日正式发布 Microsoft 365 Copilot，它是一个 AI 支持的
> 数字助手，应用了 GPT-4 模型，集成在 Microsoft 365 的多个应用程序中，包
> 括 Word、Excel、PowerPoint、Outlook、Teams 等。通过 Copilot，我们利用
> 最通用的界面和自然语言，就能轻松玩转 AI 工具。微软目前正在与 20 家客
> 户一起测试 Microsoft 365 Copilot，并会在接下来的几个月中，向更多客户提
> 供试用版，扩大测试范围。微软透露，Microsoft 365 Copilot 的定价和许可方
> 案将很快公布。微软是 OpenAI 的合作伙伴之一，拥有 GPT-4 的独家许可权，
> 可以将其应用在 Microsoft 365 Copilot 等产品中。

本章小结

　　本章介绍了 ChatGPT 在办公方面的应用。我们学习了如何在办公软件 Word
中添加 ChatGPT 插件，并展示了在 Word 中使用 ChatGPT 的实例。我们也探讨了
Excel 和 ChatGPT 的结合应用，包括表格处理和数据计算等操作。我们还介绍了

ChatGPT在PPT制作方面的应用。总体而言，ChatGPT作为一款强大的语言模型，可以提高办公效率、节省时间，并为用户提供创作灵感。通过本章的学习，读者可以更好地了解ChatGPT在办公场景中的重要性和优势并灵活运用，从而提升工作效率和创造力。

## 第9章

ChatGPT 的设计应用

本章导读

随着ChatGPT的问世和AI绘画技术的快速发展，设计领域拥有了前所未有的创作工具和创意媒介。设计师们能够从AI生成的设计方案、创意提示词和图像样式中获取灵感，转化为独特的设计作品，节省大量时间和精力。同时，这种交互方式也为设计注入了新鲜元素，带来了更多的创作可能性，为设计师们提供更强大的创作工具和更自由的创作空间，产出更为出彩的设计作品。

本章将介绍如何在不同设计领域中应用ChatGPT。9.1节介绍ChatGPT在建筑设计中的应用，读者可以利用ChatGPT生成的提示词作为创作的引导，通过Midjourney生成符合预期的、富有创意的设计图。9.2、9.3、9.4节依次介绍ChatGPT在服装设计、工业设计和平面设计中的应用；读者可以运用类似的方法，与ChatGPT进行对话，通过交流和探索，获得设计方向、图案元素和色彩搭配等方面的启发，并将这些创意和想法应用于实际的设计过程中，打造出独特而引人注目的作品。

通过学习本章内容，读者可以了解ChatGPT在设计中的辅助作用，以及掌握其结合Midjourney在不同设计领域的实际应用。

9.1 建筑设计

当下，越来越多的设计师开始将AI应用于设计领域，AI已成为他们日常工作中不可或缺的工具。

本节将介绍如何综合运用ChatGPT和Midjourney生成建筑设计作品，为读者提供新的创作思路和灵感。通过这种综合运用，可以拓展设计的可能性，探索不同的建筑风格、形态与功能，为读者带来别样的创作体验。

9.1.1　ChatGPT 生成提示词

本小节将运用 ChatGPT 生成有效作用于 Midjourney 的建筑设计提示词。

在进行 Midjourney 建筑设计提示词生成之前，我们需要先通过与 ChatGPT 的对话来扩展建筑设计关键词，丰富语料素材并明确提示词逻辑，以此确保通过 Midjourney 生成的图片符合我们的预期效果。

1. 使用 ChatGPT 扩展建筑设计关键词

在关键词扩展阶段，我们需要聚焦于"建筑风格""著名设计师及其作品""空间特征"等可以明确描述图片的内容，通过与 ChatGPT 对话，引导它提供相关信息。

以下是我们与 ChatGPT 的对话内容，读者可以根据不同需求，从不同的角度进行尝试。

> 提示词：　请以专业建筑设计师的身份，从多个维度总结建筑专业关键词，并在每个关键词后面注明英文翻译。

> ⑨ ChatGPT：　当以专业建筑设计师的身份从多个维度总结建筑专业关键词时，可以考虑以下方面的关键词：
>
> 建筑设计（Architectural Design）
>
> 建筑构造（Architectural Construction）
>
> 建筑材料（Architectural Materials）
>
> 建筑技术（Architectural Technology）
>
> 建筑风格（Architectural Style）
>
> 建筑功能（Architectural Function）
>
> 建筑空间（Architectural Space）
>
> 建筑比例（Architectural Proportion）
>
> 建筑形态（Architectural Form）
>
> 建筑美学（Architectural Aesthetics）
>
> 建筑可持续性（Architectural Sustainability）
>
> 建筑创新（Architectural Innovation）
>
> 建筑历史（Architectural History）
>
> 建筑文化（Architectural Culture）
>
> 建筑环境（Architectural Environment）
>
> 建筑人文（Architectural Humanities）
>
> 建筑表达（Architectural Expression）

> 建筑预算（Architectural Budget）
> 建筑施工（Architectural Construction）
> 建筑监理（Architectural Supervision）
> 　　这些关键词涵盖了建筑设计与构造、材料和技术等方面的内容，同时也包括了建筑风格、功能、空间和形态等方面的要素。建筑美学、可持续性和创新性是建筑设计中不可或缺的关键词。此外，建筑历史、文化、环境和人文等关键词强调了建筑设计与社会、文化和环境的紧密联系。建筑预算、施工和监理等关键词则涉及建筑项目实施和管理等方面。

　　接下来，我们挑选其中的建筑风格、建筑形态、建筑功能进行扩展，与 ChatGPT继续对话，以丰富关键词素材。

> **⋒ 提示词：**　　请对"建筑风格"进行关键词扩展，每种风格介绍三位著名设计师及其作品（格式：设计师-作品），同时注明英文翻译。

> **⑤ ChatGPT：**　　建筑风格（Architectural Style）是指在不同的历史时期和地区出现的具有独特特征和风格的建筑形式。以下是一些常见的建筑风格及其著名设计师和代表作品。
>
> 　　古典主义建筑（Classical Architecture）：
> 　　伊克蒂诺斯（Ictinus）-帕台农神庙（Parthenon）
> 　　卡利克拉特斯（Callicrates）-帕台农神庙（Parthenon）
> 　　皮埃尔·吕斯·芒蒂尼（Pierre Lescot）—卢浮宫（Louvre Palace）
>
> 　　文艺复兴建筑（Renaissance Architecture）：
> 　　多纳托·布拉曼特（Donato Bramante）-圣伯多禄圣殿（St. Peter's Basilica）
> 　　米开朗琪罗（Michelangelo）-圣彼得大教堂（St. Peter's Basilica）
> 　　安德里亚·帕拉第奥（Andrea Palladio）-维琴察别墅（Villa Rotonda）
>
> 　　巴洛克建筑（Baroque Architecture）：
> 　　佛兰苏瓦·曼萨尔（François Mansart）-拉斐特之家城堡

（Château de Maisons-Laffitte）

　　多纳托·伯拉孟特（Donato Bramante）—圣伯多禄大殿（St. Peter's Basilica）

　　弗朗切斯科·博罗米尼（Francesco Borromini）- 圣伊沃教堂（San Ivo alla Sapienza）

　　新古典主义建筑（Neoclassical Architecture）：

　　卡尔·圣哥达·朗汉斯（Carl Gotthard Langhans）—勃兰登堡门（Brandenburg Gate）

　　约翰·索思（John Soane）- 约翰·索恩爵士博物馆（Sir John Soane's Museum）

　　卡尔·弗里德里希·申克尔（Karl Friedrich Schinkel）- 柏林大学建筑（Altes Museum）

　　现代主义建筑（Modernist Architecture）：

　　路德维希·密斯·凡德罗（Ludwig Mies van der Rohe）- 格拉斯哥艺术学院（Glasgow School of Art）

　　弗兰克·劳埃德·赖特（Frank Lloyd Wright）- 格栅房（Fallingwater）

　　沃尔特·格罗皮乌斯（Walter Gropius）- 包豪斯大楼（Bauhaus Building）

　　装饰艺术建筑（Art Nouveau Architecture）：

　　维克托·霍尔特（Victor Horta）- 托特公寓（Horta Museum）

　　赫克托·吉马德（Hector Guimard）—帕里斯地铁（Paris Métro）

　　阿尔方斯·穆福斯（Alphonse Mucha）- 加尔达湖别墅（Villa Primavesi）

　　后现代主义建筑（Postmodern Architecture）：

　　弗兰克·盖里（Frank Gehry）- 迪斯尼音乐厅（Walt Disney Concert Hall）

　　托马斯·黑瑟维克（Thomas Heatherwick）- 班加罗尔宫（Bangalore Palace）

　　泽哈·哈迪德（Zaha Hadid）- 广州塔（Guangzhou Opera House）

生态建筑（Sustainable Architecture）：

威廉·麦道尔（William McDonough）- 地球所大楼（The Solaire）

诺曼·福斯特（Norman Foster）- 倍思特罗斯博物馆（Millau Viaduct）

卡洛斯·费雷拉（Carlos Ferrater）- 奥里斯瓦特医院（Vall d'Hebron Hospital）

提示词： 请对"建筑形态"进行关键词扩展，每种形态介绍三位著名设计师及其作品，同时注明英文翻译。

ChatGPT： 立方体形态（Cuboid Form）：

彼得·祖曼（Peter Zumthor）- 波斯托大厦（Kunsthaus Bregenz）

安藤忠雄（Tadao Ando）—丰田汽车博物馆（Toyota Automobile Museum）

马西米利亚诺·福克萨斯(Massimiliano Fuksas) —法国国家档案馆（French National Archives）

曲线形态（Curvilinear Form）：

弗兰克·盖里（Frank Gehry）- 格根海姆博物馆（Guggenheim Museum Bilbao）

托马斯·黑瑟维克（Thomas Heatherwick）- 上海外滩花园（The Bund Finance Center）

托尼·瓦特斯（Tony Watts）- 玛丽·罗斯·里查兹大厅（Mary Rose Museum）

堆叠形态（Stacked Form）：

莱·柯布西耶（Le Corbusier）- 瑞士巴塞尔罗新大厦（Roche Tower, Basel）

丹尼尔·利伯斯金德（Daniel Libeskind）- 先锋城市（City of Culture of Galicia）

彼得·库克（Peter Cook）- 阿尔姆阿尔茨斯希瓦伊特博物馆（Museum Kunstpalast）

悬浮形态（Cantilevered Form）：

弗兰克·劳埃德·赖特（Frank Lloyd Wright）- 宾夕法尼亚坠水之家（Fallingwater）

隈研吾（Kengo Kuma）—悬浮森林（Suspended Forest）

莱曼·佩尔塔瓦（Leman Pertev）- 斯图尔特巴索尔清真寺（Sultan Ahmed Mosque）

网格形态（Grid Form）：

雅克·埃尔迈罗（Jacques Herzog）和皮埃尔·德·梅隆（Pierre de Meuron）- 瑞士信贷总部（Credit Suisse Headquarters）

托马斯·梅因（Thom Mayne）- 迈克尔斯咖啡馆（Michael's Restaurant）

托马斯·雷斯克（Thomas Rösner）- 波茨坦博物馆（Museum Barberini）

这些设计师通过创造各种独特的建筑形态，使建筑呈现出多样化的外观和空间感。他们的作品展示了对建筑形态的探索与创新，同时也为城市景观增添了艺术性与美感。

🔟 **提示词：**　请对"建筑功能"进行关键词扩展，每种功能介绍三位著名设计师及其作品，同时注明英文翻译。

ChatGPT：　居住功能（Residential Function）：

弗兰克·劳埃德·赖特（Frank Lloyd Wright）- 弗雷德里克·罗宾森住宅（Frederick C. Robie House）

勒·柯布西耶（Le Corbusier）- 维拉·萨沃依厄（Villa Savoye）

托马斯·黑瑟维克（Thomas Heatherwick）- 贝尔斯海姆公寓（Belsize Park Apartments）

商业功能（Commercial Function）：

丹尼斯·拉斯金德（Denys Lasdun）- 皇家国家剧院（Royal National Theatre）

丹尼尔·利伯斯金德（Daniel Libeskind）- 贝尔福特夫人购物中心（Belfort Shopping Centre）

诺曼·福斯特（Norman Foster）- 英国广播公司总部（BBC Broadcasting House）

教育功能（Educational Function）：
彼得·库克（Peter Cook）- 格拉斯哥学院艺术学院（Glasgow School of Art）
雅克·埃尔迈罗（Jacques Herzog）和皮埃尔·德·梅隆（Pierre de Meuron）- 北京国家体育场（Beijing National Stadium）
托马斯·梅因（Thom Mayne）- 康奈尔大学雪城校区（Cornell University, College of Architecture）

文化功能（Cultural Function）：
弗兰克·盖里（Frank Gehry）- 洛杉矶迪士尼音乐厅（Walt Disney Concert Hall）
丹尼尔·利伯斯金德（Daniel Libeskind）- 犹太博物馆（Jewish Museum Berlin）
托马斯·雷斯克（Thomas Rösner）- 格拉茨艺术大学（Graz Art University）

娱乐功能（Entertainment Function）：
弗兰克·盖里（Frank Gehry）- 拉斯维加斯米罗大厦（The Mirage, Las Vegas）
伦佐·皮亚诺（Renzo Piano）- 罗马帕尔代奥体育场（Stadio Olimpico, Rome）
托马斯·黑瑟维克（Thomas Heatherwick）- 曼彻斯特艺术中心（Manchester Art Gallery）

这些设计师通过创造具有不同功能的建筑，为人们提供了宜居的住所、便利的商业场所、优质的教育场所、丰富的文化体验和令人愉悦的娱乐场所。他们的作品展现了功能性与美学的完美结合，为人们的日常生活带来便利和享受。

⚠ **温馨提示** ChatGPT提供的中文翻译与设计通识类翻译可能略有不同，作为提示词使用时，建议读者以英文为参照。

2. Midjourney 提示词生成

经过前文的系列对话，我们已经积累了丰富的语料素材。现在，我们将运用这些语料素材，以"风格、形态、功能、设计师"为基础逻辑，进行 Midjourney 提示词（prompt）生成。

提示词：　你知道 AI 绘画的 prompt 吗？

ChatGPT：　当提到 AI 绘画的"prompt"时，通常指的是给 AI 一个启发或指导，以便它们可以创作出一幅艺术作品。prompt 可以是文字描述、图片、主题或其他形式的输入，旨在激发 AI 生成独特而有创意的绘画作品。

以下是一些可能的 AI 绘画的 prompt 示例。

文字描述：提供一段描述性的文字，描述你希望绘画作品表达的主题、情感或场景，如"一个落日下的海滩，浪花拍击岩石，天空染上了橙色和粉红色的色彩。"

图片：提供一张或多张图片作为启发，可以是真实照片、艺术作品、插图或任何其他形式的图片。

主题或概念：给出一个主题或概念，如"未来的城市""奇幻生物"或"内心的抽象表达"，以鼓励 AI 在这个主题下进行创作。

艺术风格：指定一种特定的艺术风格，如印象派、立体主义或抽象表现主义，以引导 AI 生成符合该风格的绘画作品。

调色板或色彩：给出一组颜色或调色板，以指导 AI 在特定的色彩范围内创作绘画作品。

以上只是一些常见的 prompt 示例，你可以根据自己的需求和创意来制定具体的 prompt。AI 绘画系统会根据提供的输入进行学习和创作，并生成相应的绘画作品。

提示词：　接下来，我会给出关键词，请你将其扩展为有效的 AI 建筑设计 prompt。

ChatGPT：　当然，请提供您的关键词，我将尽力将其扩展为有效的 AI 建筑设计 prompt。

提示词：　Postmodern Architecture，Curvilinear Form，Residential Function，Zaha Hadid（后现代主义建筑，曲线形态，居住功能，扎哈·哈迪德）。

> ⚠️ **温馨提示**　该处关键词也可以直接作为 Midjourney 提示词使用，其生成的图片在细节表现上与 ChatGPT 扩展后生成的图片略有不同。

> 🔷 **ChatGPT:**　　　Design a residential project with a Postmodern Architecture style, featuring curvilinear forms inspired by the works of renowned architect Zaha Hadid. The objective of this residential project is to create a unique and artistic living space while fulfilling the functional requirements of a residential function. The design should embrace the principles of Postmodernism, including asymmetry, curvilinear lines, abstract geometric forms, etc., to create a visually striking building that harmoniously coexists with its surroundings.
>
> （设计一个采用后现代建筑风格的住宅项目，以扭曲的曲线为特色，灵感来源于著名建筑师扎哈·哈迪德的作品。该住宅项目旨在创造独特、富有艺术性的居住空间，同时满足住宅功能的需求。设计应充分利用后现代主义的设计原则，包括非对称性、曲线线条、抽象几何形式等，以打造引人注目且与周围环境和谐共存的建筑。）

9.1.2　用 Midjourney 生成建筑设计图

本小节将运用前文中由 ChatGPT 生成的提示词，输入 Midjourney 进行建筑设计图生成。

第1步 ▶ 在 Midjourney 底部对话框中输入 "/imagine" 指令，按 "Enter" 键进入 "prompt" 文本框，在 "prompt" 文本框中输入 "Design a residential project with a Postmodern Architecture style, featuring curvilinear forms inspired by the works of renowned architect Zaha Hadid. The objective of this residential project is to create a unique and artistic living space while fulfilling the functional requirements of a residential function. The design should embrace the principles of Postmodernism, including asymmetry, curvilinear lines, abstract geometric forms, etc., to create a visually striking building that harmoniously coexists with its surroundings"。

第2步 ▶ Midjourney 根据提示词生成初始图片，如图 9-1 所示。

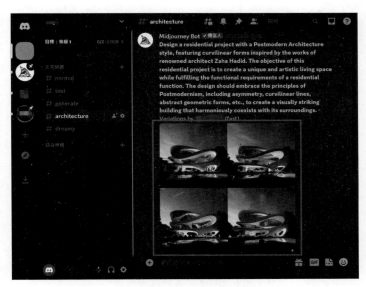

图 9-1　生成初始图片

第3步 ▶ 单击初始图片下方的 "V2" 按钮，Midjourney将对第二幅图片进行自动变化，如图9-2所示。

图 9-2　变化初始图片

第4步 ▶ 单击变化得到的图片下方的 "U2" 按钮，Midjourney将对第二幅图片进行自动升档处理，丰富图片细节并输出为单张图片，如图9-3所示。

图9-3　变化后的图片升档

第5步 ▶ 得到满意的图片后，单击图片放大，单击放大后图片下方的"在浏览器开启"按钮，跳转至新窗口预览，在新窗口中的高清图片上右击，选择"图片另存为"选项保存作品，如图9-4所示。

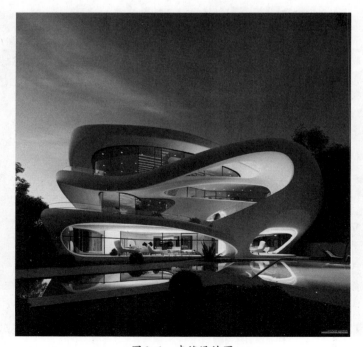

图9-4　建筑设计图

9.2 / 服装设计

本节将介绍如何综合运用 ChatGPT 和 Midjourney 生成服装设计作品。通过这种综合运用，可以拓展设计可能性，探索不同的服装风格与特色，为读者提供新的创作思路和灵感，带来别样的创作体验。

9.2.1 ChatGPT 生成提示词

本小节我们将运用 ChatGPT 生成有效作用于 Midjourney 的服装设计提示词。

在进行 Midjourney 服装设计提示词生成之前，我们需要先通过与 ChatGPT 的对话来扩展服装设计关键词，丰富语料素材并明确提示词逻辑，以此确保通过 Midjourney 生成的图片符合我们的预期效果。

1. 使用 ChatGPT 扩展服装设计关键词

在关键词扩展阶段，我们需要聚焦于"服装风格""著名设计师及其作品""服装细节""色彩搭配"等可以明确描述图片的内容，通过与 ChatGPT 的对话，引导它提供相关信息。

以下是我们与 ChatGPT 的对话内容，读者可以根据不同需求，从不同的角度进行尝试。

> 提示词： 请以专业服装设计师的身份，从多个维度总结服装专业关键词，并在每个关键词后面注明英文翻译。

> ChatGPT： 作为专业服装设计师，以下是从多个维度总结的服装专业关键词，每个关键词后面注明了英文翻译：
> 时尚趋势（Fashion Trends）
> 服装风格（Garment Styles）
> 服装剪裁（Garment Cutting）
> 面料选择（Fabric Selection）
> 色彩搭配（Color Coordination）
> 服装细节（Garment Details）
> 时装插画（Fashion Illustration）
> 款式设计（Pattern Design）
> 时装制作（Fashion Production）

模特走秀（Model Catwalk）

时装摄影（Fashion Photography）

服装品牌（Fashion Branding）

服装配饰（Fashion Accessories）

服装展示（Fashion Presentation）

服装定制（Custom Clothing）

线条与比例（Lines and Proportions）

服装市场（Fashion Market）

街头时尚（Street Fashion）

时装编辑（Fashion Editing）

时尚博主（Fashion Blogger）

这些关键词从设计、制作、展示和市场等角度出发，涵盖了专业服装设计师的核心领域。从时尚趋势到服装细节，从色彩搭配到模特走秀，这些关键词揭示了设计师在创作过程中需要考虑的方方面面。掌握这些关键词有助于设计师创造出与时代潮流契合且独具个性的服装作品，并将其成功推向市场。

提示词： 请对"服装风格"进行关键词扩展，每种风格介绍三位著名设计师及其作品（格式：设计师-作品），同时注明英文翻译。

ChatGPT： 以下是对"服装风格"进行关键词扩展，每种风格介绍三位著名设计师及其作品的列表，同时标注了英文翻译。

传统古典（Traditional/Classical）：

瓦伦蒂诺·加拉尼（Valentino Garavani）- 瓦伦蒂诺高级定制系列（Valentino Haute Couture Collection）

克里斯汀·迪奥（Christian Dior）- 克里斯汀·迪奥新风貌（Christian Dior New Look）

可可·香奈儿（Coco Chanel）- 香奈儿经典黑裙（Chanel Little Black Dress）

流行时尚（Pop Fashion）：

杰瑞米·斯科特（Jeremy Scott）- 莫斯奇诺麦当劳系列（Moschino McDonald's Collection）

让-保罗·高缇耶 (Jean-Paul Gaultier) - 让-保罗·高缇耶锥型胸衣 (Jean-Paul Gaultier Cone Bra)

亚历山大·麦昆 (Alexander McQueen) - 亚历山大·麦昆设计作品 (Alexander McQueen Designs)

现代简约（Modern Minimalist）：

卡尔文·克莱恩 (Calvin Klein) - 卡尔文·克莱恩设计作品 (Calvin Klein Designs)

菲尔·赫姆 (Philipp Plein) - 菲尔·赫姆设计作品 (Philipp Plein Designs)

阿克里斯·范宁 (Achim von Arnim) - 阿克里斯·范宁设计作品 (Achim von Arnim Designs)

街头潮流（Streetwear）：

伊夫·圣罗兰 (Yves Saint Laurent) - 圣罗兰高级成衣系列 (Yves Saint Laurent Ready-to-Wear Collection)

维吉尔·阿布洛 (Virgil Abloh) - 奥芬白色衬衫 (Off-White White Shirt)

亚历山大·王 (Alexander Wang) - 亚历山大·王休闲装系列 (Alexander Wang Casual Collection)

独立设计（Indie Design）：

玛丽·卡特兰 (Mary Katrantzou) - 玛丽·卡特兰设计作品 (Mary Katrantzou Designs)

桑德罗·费雷拉 (Sandro Ferrone) - 桑德罗·费雷拉设计作品 (Sandro Ferrone Designs)

王予涵（Yuhan Wang）— 王予涵设计作品（Yuhan Wang Designs）

复古怀旧（Vintage Retro）：

阿姆斯特丹夫人 (Madame Grès) - 阿姆斯特丹夫人设计作品 (Madame Grès Designs)

赫尔维·拉威尔 (Hervé Léger) - 赫尔维·拉威尔紧身连衣裙 (Hervé Léger Bandage Dress)

丹尼·奎勒 (Danny Quirk) - 丹尼·奎勒设计作品 (Danny Quirk Designs)

高街时尚（High Street Fashion）：
扎拉 (Zara) - 扎拉时尚品牌 (Zara Fashion Brand)
H&M - H&M 时尚品牌 (H&M Fashion Brand)
玛西姆杜特 (Massimo Dutti) - 玛西姆杜特时尚品牌 (Massimo Dutti Fashion Brand)

自由潮流（Bohemian）：
芭比·布朗 (Bobbie Brown) - 芭比·布朗设计作品 (Bobbie Brown Designs)
伊莎贝尔·马兰 (Isabel Marant) - 伊莎贝尔·马兰设计作品 (Isabel Marant Designs)
安娜·苏 (Anna Sui) - 安娜·苏设计作品 (Anna Sui Designs)
这些设计师和作品代表了各种服装风格，从传统到现代，从奢华到潮流，从独立设计到大众时尚，每位设计师都在其领域内展现出了独特的创造力和风格。

🔟 **提示词：** 请对"服装剪裁"进行关键词扩展，每种风格介绍三位著名设计师及其作品特点，同时注明英文翻译。

---

⑤ **ChatGPT：** 英式剪裁（British Tailoring）：
亚历山大·麦昆（Alexander McQueen）-"Savage Beauty"（野性之美）时装展
西蒙·罗切斯特（Simon Rocha）- 引人注目的剪裁和手工细节
托马斯·巴布（Thom Browne）- 独特的结构和经典剪裁

意式剪裁（Italian Tailoring）：
乔治奥·阿玛尼（Giorgio Armani）- 清晰流畅的线条和精湛剪裁
瓦伦蒂诺（Valentino）- 精致的剪裁和华丽的细节
斯特拉·麦卡特尼（Stella McCartney）- 剪裁简约而现代

法式剪裁（French Tailoring）：

克里斯汀·迪奥（Christian Dior）- 女性化的剪裁和优雅的设计
厄尔·萨尔托（Yves Saint Laurent）- 大胆的剪裁和时尚前卫
泰里·穆格莱尔（Thierry Mugler）- 前卫剪裁和强烈的结构感设计

日式剪裁（Japanese Tailoring）：
草间弥生（Yayoi Kusama）- 独特的剪裁和图案设计
原庆子（Yohji Yamamoto）- 随性的剪裁和黑色调设计
三宅一生（Issey Miyake）- 技术创新和流动剪裁的融合

美式剪裁（American Tailoring）：
拉尔夫·劳伦（Ralph Lauren）- 经典的剪裁和美式风格
卡尔文·克莱恩（Calvin Klein）- 简约剪裁和现代感设计
唐娜·卡兰（Donna Karan）- 实用主义的剪裁和舒适感设计
请注意，以上只是一些代表性的设计师和作品特点，还有许多其他优秀的设计师也为服装剪裁做出了重要贡献。

提示词：　　　请对"色彩搭配"进行关键词扩展，每种风格介绍三位著名设计师及其作品，同时注明英文翻译。

ChatGPT：　　　以下是对"色彩搭配"的关键词扩展，并介绍了三位著名设计师及其作品特点。

单色调（Monochromatic）：
亚历山大·麦昆（Alexander McQueen）- 麦昆经常运用单一色调的搭配，创造出独特的视觉效果，展现出浓厚的艺术感
瓦伦蒂诺（Valentino）- 瓦伦蒂诺的设计以纯净、优雅的单色调为特点，创造出典雅而充满魅力的服装
博柏利（Burberry）- 博柏利经常使用单色调的经典格纹图案，将色彩巧妙地融入设计中，展现出品牌的独特风格

对比搭配（Contrasting）：
威廉·托马斯（William Thomas）- 托马斯擅长运用对比色彩进行搭配，创造出引人注目的视觉效果，使服装充满活力
伊夫·圣·洛朗（Yves Saint Laurent）- 圣洛朗善于将不同的色彩

进行对比，创造出丰富而充满张力的服装设计

玛莎·加拉斯（Martha Galas）- 加拉斯的设计作品以鲜明的对比色彩为特点，创造出充满活力和动感的服装风格

色彩渐变（Gradient）：

乔治·阿玛尼（Giorgio Armani）- 阿玛尼善于运用色彩渐变的技巧，将不同的色彩层次融合在一起，创造出柔和而温暖的服装效果

亚历山大·王（Alexander Wang）- 亚历山大·王经常使用渐变色彩来打造时尚的街头风格，展现出年轻、前卫的设计理念

弗朗索瓦·瓦勒（François Valé）- 瓦勒的设计作品以色彩渐变为灵感，将不同的色彩过渡自然地结合在一起，呈现出独特的服装效果

对比鲜明（High Contrast）：

亚历山大·麦昆（Alexander McQueen）- 麦昆的设计以强烈的对比色彩为特点，创造出有戏剧性和冲击力的服装作品，突显出个性和时尚的力量

瓦伦蒂诺（Valentino）- 瓦伦蒂诺的设计经常运用明亮的对比色彩，营造出鲜明而引人注目的视觉效果，展现出时尚与奢华的风格

米西亚·普拉达（Miuccia Prada）- 普拉达在她的设计中善于运用对比鲜明的色彩组合，创造出前卫而引人瞩目的时尚风格

色彩丰富（Vibrant Colors）：

伊夫·圣·洛朗（Yves Saint Laurent）- 圣洛朗的设计作品充满了丰富多彩的色彩，他运用鲜艳的色彩组合，展现出独特的艺术感和时尚态度

贾尼·范思哲（Gianni Versace）—范思哲的设计在色彩方面以鲜艳、大胆和丰富多彩而闻名，常使用明亮的红色、金色、黑色等强烈色彩，营造出富有活力和奢华感的视觉效果

玛莎·加拉斯（Martha Galas）- 加拉斯的设计作品以色彩丰富为特点，她大胆运用各种鲜艳的色彩，打造出独特而充满活力的服装风格

温和柔美（Soft and Pastel）：

乔治·阿玛尼（Giorgio Armani）- 阿玛尼的设计常常采用柔和和粉嫩的色彩，创造出优雅而温暖的服装效果，展现出成熟和优雅的品位

奥斯卡·德拉伦塔（Oscar de la Renta）- 德拉伦塔的设计作品充满了浪漫的氛围，他经常运用柔和和淡雅的色彩，为服装带来了柔美和优雅

凯特·斯佩德（Kate Spade）- 斯佩德的设计以轻盈和柔和的色彩为特点，她善于运用粉色和淡色调，打造出时尚而优雅的服装风格

注意：以上是仅供参考的示例，设计师和作品仅代表部分范例，并非完整的列表。

🔟 **提示词：**　请对"服装细节"进行关键词扩展，每种风格介绍三位著名设计师及其作品特点，同时注明英文翻译。

🔆 **ChatGPT：**　以下是对"服装细节"的关键词扩展，并介绍了三位著名设计师及其作品特点。

蕾丝细节（Lace Details）：

凯特·米德尔顿（Kate Middleton）- 爱用蕾丝装饰的优雅礼服，如婚纱和晚礼服

瓦伦蒂诺（Valentino）- 在高级定制礼服中使用精致的蕾丝细节

亚历山大·麦昆（Alexander McQueen）- 将蕾丝细节与叛逆元素相结合的时装设计

刺绣细节（Embroidery Details）：

萨比纳·韦伯（Sabina Weber）- 创造出独特且精美的刺绣细节作品

伊夫·圣·洛朗（Yves Saint Laurent）- 在高级时装中运用精湛的刺绣工艺

玛丽·卡特兰佐（Mary Katrantzou）- 刺绣细节与艺术图案结合，打造出奇特的服装设计

褶皱细节（Pleat Details）：

三宅一生（Issey Miyake）—以其标志性的"Pleats Please"系列而闻名，该系列采用了大量的褶皱设计，使服装具有独特的质感和流动感

渡边淳弥（Junya Watanabe）—他在作品中广泛使用褶皱，常常将褶皱细节与不同的面料和风格相结合，创造出令人印象深刻的时装

瓦妮莎·布鲁诺（Vanessa Bruno）- 将褶皱细节融入女性服装中，展现轻松自然的风格

流苏细节（Fringe Details）：
亚历山大·麦奎恩（Alexander McQueen）一作为一位充满创新精神的设计师，他善于将不同的元素融合在一起，包括流苏
伊迪丝·海德（Edith Head）- 在好莱坞电影中使用流苏细节，营造出戏剧性的效果
艾琳·菲瑟斯顿（Erin Fetherston）- 运用细腻的流苏装饰，为女性服装增添浪漫与优雅

蝴蝶结细节（Bow Details）：
埃莉诺·兰伯特（Eleanor Lambert）- 设计出以蝴蝶结为标志的优雅服装
乔治娅·阿玛尼（Giorgina Armani）- 在女性服装中运用简约而精致的蝴蝶结细节
玛丽·卡特兰佐（Mary Katrantzou）- 将蝴蝶结细节与艺术图案相结合，创造出令人惊叹的服装设计
以上是一些代表性的设计师和作品特点，他们各自在服装细节方面有着突出的贡献，展现了不同风格的创新和美感。

⚠️ **温馨提示**　ChatGPT提供的中文翻译与设计通识类翻译可能略有不同，作为提示词使用时，建议读者以英文为参照。

2. Midjourney 提示词生成

经过前文的系列对话，我们已经积累了丰富的语料素材。现在，我们将运用这些语料素材，以"客户群体、风格、色调、细节"为基础逻辑，进行 Midjourney 提示词生成。

> 💬 **提示词：**　接下来，我会给出关键词，请你将其扩展为有效的 AI 服装设计 prompt。

> ⑤ **ChatGPT：**　当然，请提供您的关键词，我将尽力将其扩展为有效的 AI 服装设计 prompt。

> 🔟 **提示词：**　　女士服装设计，传统古典，单色调，白色，流苏与刺绣（Women's Clothing Design, Traditional Classical, Monochromatic, White, Fringe and Embroidery）。

⚠ **温馨提示**　该处关键词也可以直接作为 Midjourney 提示词使用，其生成的图片在细节表现上与 ChatGPT 扩展后生成的图片略有不同。

> ⑤ **ChatGPT：**　　设计一套传统古典风格的女士服装，以白色单色调为基调，注重细节的流苏与刺绣装饰。剪裁优雅，展现女性身形线条。流苏点缀在服装的边缘或衣摆，增添动感。刺绣装饰精致，呈现精美的花卉图案或细腻的纹样。以高质量的面料打造，保证舒适度与质感。
>
> 　　（Design a set of women's clothing in a traditional and classical style, with a monochromatic color scheme centered around white. Pay attention to details such as fringe and embroidery decorations. The cuts should be elegant, emphasizing the feminine silhouette. Fringe can be added to the edges or hems of the garments to create a sense of movement. Delicate embroidery should showcase beautiful floral patterns or intricate designs. Use high-quality fabrics to ensure both comfort and texture.）

9.2.2　用 Midjourney 生成服装设计图

本小节将运用前文中由 ChatGPT 生成的提示词，输入 Midjourney 进行服装设计图生成。

第1步 ▶ 在 Midjourney 底部对话框中输入 "/imagine" 指令，按 "Enter" 键进入 "prompt" 文本框，在 "prompt" 文本框中输入 "Design a set of women's clothing in a traditional and classical style, with a monochromatic color scheme centered around white. Pay attention to details such as fringe and embroidery decorations. The cuts should be elegant, emphasizing the feminine silhouette. Fringe can be added to the edges or hems of the garments to create a sense of movement. Delicate embroidery should showcase beautiful floral patterns or intricate designs. Use high-quality fabrics to ensure both comfort and texture"。

第2步 ▶ Midjourney 根据提示词生成初始图片，如图 9-5 所示。

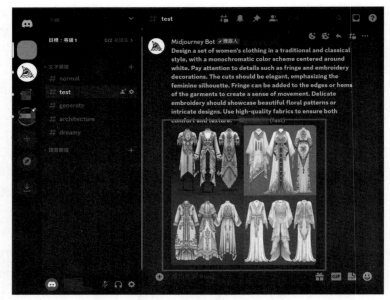

图 9-5　生成初始图片

第3步▶ 单击初始图片下方的"V4"按钮，Midjourney将对第四幅图片进行自动变化，如图9-6所示。

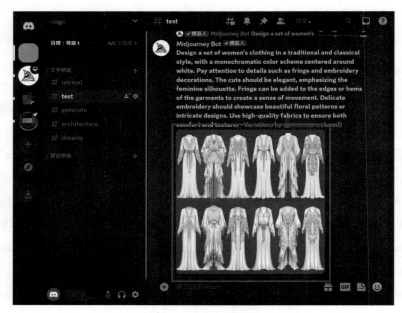

图 9-6　变化初始图片

第4步▶ 单击变化得到的图片下方的"U1"按钮，Midjourney将对第一幅图片进行自动升档处理,丰富图片细节并输出为单张图片,如图9-7所示。

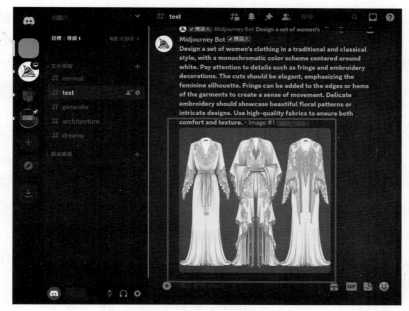

图 9-7 变化后的图片升档

第5步 得到满意的图片,单击图片放大,单击放大后图片下方的"在浏览器开启"按钮,跳转至新窗口预览,在新窗口中的高清图片上右击,选择"图片另存为"选项保存作品,如图9-8所示。

图 9-8 服装设计图

9.3 工业设计

本节将介绍如何综合运用 ChatGPT 和 Midjourney 生成工业设计作品。通过这种综合运用，可以拓展设计可能性，探索不同的产品类别、功能和风格，为读者提供新的创作思路和灵感，带来新的创作体验。

9.3.1 ChatGPT 生成提示词

本小节我们将运用 ChatGPT 生成有效作用于 Midjourney 的工业设计提示词。

在进行 Midjourney 工业设计提示词生成之前，我们需要先通过与 ChatGPT 的对话来扩展工业设计关键词，丰富语料素材并明确提示词逻辑，以此确保通过 Midjourney 生成的图片符合我们的预期效果。

1. 使用 ChatGPT 扩展工业设计关键词

在关键词扩展阶段，我们需要聚焦于"产品类别""产品功能""设计风格"等可以明确描述图片的内容，通过与 ChatGPT 对话，引导它提供相关信息。

以下是我们与 ChatGPT 的对话内容，读者可以根据不同需求，从不同的角度进行尝试。

> 🔟 **提示词：** 请以职业工业设计师的身份，对"产品类别"进行关键词扩展，并在每个关键词后面注明英文翻译。

> ⑤ **ChatGPT：** 作为职业工业设计师，下面是对不同产品类别的关键词扩展，附带英文翻译。
>
> 家居产品 (Home Products)：
> 家具 (Furniture)
> 灯具 (Lighting)
> 家居饰品 (Home Decor)
> 厨房用品 (Kitchenware)
> 卫浴用品 (Bathroom Accessories)
>
> 电子产品 (Electronics)：
> 手机 (Mobile Phones)
> 平板电脑 (Tablets)
> 笔记本电脑 (Laptops)

智能手表 (Smartwatches)
家用电器 (Home Appliances)

交通工具 (Transportation)：
汽车 (Cars)
自行车 (Bicycles)
电动滑板车 (Electric Scooters)
摩托车 (Motorcycles)
飞机 (Airplanes)

医疗器械 (Medical Devices)：
心脏起搏器 (Pacemakers)
手术器械 (Surgical Instruments)
医用设备 (Medical Equipment)
可穿戴医疗设备 (Wearable Medical Devices)
康复辅助器具 (Rehabilitation Aids)

运动器材 (Sports Equipment)：
球类用具 (Ball Sports Equipment)
健身器材 (Fitness Equipment)
自行车配件 (Bicycle Accessories)
滑雪装备 (Skiing Equipment)
游泳用具 (Swimming Gear)

玩具与娱乐产品 (Toys and Entertainment Products)：
儿童玩具 (Children's Toys)
益智游戏 (Educational Games)
音响设备 (Audio Equipment)
电子游戏机 (Gaming Consoles)
乐器 (Musical Instruments)
以上是对不同产品类别的关键词扩展，旨在涵盖工业设计师在各个
领域的工作范围和专业知识。

⌜🔟 提示词：　　　请以职业工业设计师的身份，对"产品功能"进行关键词扩展，并在

每个关键词后面注明英文翻译。

ChatGPT： 作为职业工业设计师，下面是对"产品功能"的关键词扩展，附带英文翻译：

实用性 (Utility)

便携性 (Portability)

耐用性 (Durability)

可靠性 (Reliability)

舒适性 (Comfort)

安全性 (Safety)

操作简易性 (Ease of Use)

多功能性 (Versatility)

高效性 (Efficiency)

智能化 (Smartness)

省能性 (Energy Efficiency)

环保性 (Environmental Friendliness)

人性化设计 (Human-Centered Design)

创新性 (Innovation)

交互性 (Interactivity)

可定制性 (Customizability)

效果性 (Effectiveness)

高精度 (High Precision)

自动化 (Automation)

无线连接性 (Wireless Connectivity)

以上关键词扩展涵盖了工业设计师在产品功能方面的关注点，每个关键词都代表了产品在不同方面的特点和优势，设计师需要根据产品的定位和用户需求，合理地结合这些功能来提升产品的价值和竞争力。

提示词： 请以职业工业设计师的身份，对"工业设计风格"进行关键词扩展及归纳，并在每个关键词后面注明英文翻译。

ChatGPT： 作为职业工业设计师，以下是对"工业设计风格"的关键词扩展和归纳，同时附有英文翻译。

现代主义（Modernism）：

极简主义的（Minimalistic）
技术感的（Technological）
几何形态的（Geometric）
清晰简洁的（Clean and concise）

未来主义（Futurism）：
先锋的（Avant-garde）
前卫的（Cutting-edge）
前沿科技的（High-tech）
高度创新的（Highly innovative）

有机设计（Organic Design）：
自然形态的（Naturalistic）
流线型的（Streamlined）
有机曲线的（Curvilinear）
生物启发的（Biomimetic）

工业风格（Industrial Style）：
原始质感的（Raw and textured）
金属与混凝土的（Metallic and concrete）
暴露的机械元素（Exposed mechanical elements）
粗糙与坚固的（Rugged and robust）

传统复古（Traditional Retro）：
古典风格的（Classic）
复古的（Vintage）
怀旧的（Nostalgic）
手工艺的（Craftsmanship）

人性化设计（Human-centered Design）：
人体工程学的（Ergonomic）
用户友好的（User-friendly）
舒适体验的（Comfortable experience）
便捷可操作的（Convenient and operable）

可持续设计（Sustainable Design）：

环保的（Environmentally friendly）

资源节约的（Resource-efficient）

循环经济的（Circular economy）

绿色材料的（Green materials）

创意设计（Creative Design）：

独特的（Unique）

想象力丰富的（Imaginative）

艺术性的（Artistic）

非传统的（Unconventional）

简约设计（Simplicity Design）：

简洁明快的（Sleek）

清晰的（Clear）

无冗余的（Uncluttered）

精益的（Lean）

这些关键词旨在帮助描述和理解不同的工业设计风格，并为设计师提供创作时的参考和灵感。请注意，每种风格可以有多个关键词来描述其特点和特征，并且设计风格的界限并不是绝对的，可以有相互交叉和融合的情况。

⚠ **温馨提示** ChatGPT 提供的中文翻译与设计通识类翻译可能略有不同，作为提示词使用时，建议读者以英文为参照。

2. Midjourney 提示词生成

经过前文的系列对话，我们已经积累了丰富的语料素材。现在，我们将运用这些语料素材，以"产品类别、功能、设计风格及特点"为基础逻辑，进行 Midjourney 提示词生成。

💬 **提示词：** 接下来，我会给出关键词，请你将其扩展为有效的 AI 工业设计 prompt。

ChatGPT:　　当然，请提供您的关键词，我将尽力将其扩展为有效的 AI 工业设计 prompt。

提示词：　　工业设计，摩托车，技术感的，未来主义，色彩鲜艳（Industrial design, motorcycle, futuristic technology, vibrant colors）。

[!] 温馨提示　该处关键词也可以直接作为 Midjourney 提示词使用，其生成的图片在细节表现上与 ChatGPT 扩展形容后生成的图片略有不同。

ChatGPT:　　设计一款色彩鲜艳的未来主义摩托车，强调技术感。摩托车外观采用创新的工业设计，线条流畅，形象夸张。以鲜艳的色彩搭配黑色或银色等金属元素，增强未来感。高科技特性体现在智能化仪表盘、LED 灯光系统和先进的悬挂系统中。通过先进的材料和制造工艺，打造轻量化的车身，提升性能和操控性。这款未来主义摩托车将以其鲜艳的色彩、前卫的外观和高度的技术感吸引摩托车爱好者和科技追求者。

（Design a brightly colored futuristic motorcycle that emphasizes a high-tech appeal. The motorcycle's exterior will feature innovative industrial design with sleek lines and exaggerated forms. Vibrant colors, combined with elements of black or silver metal, will enhance the futuristic aesthetic. The high-tech features will be showcased through intelligent dashboards, LED lighting systems, and advanced suspension systems. Advanced materials and manufacturing techniques will be employed to create a lightweight body, enhancing performance and maneuverability. This futuristic motorcycle will captivate motorcycle enthusiasts and technology enthusiasts alike with its vibrant colors, avant-garde appearance, and strong sense of technology.）

9.3.2　用 Midjourney 生成工业设计图

本小节将运用前文由 ChatGPT 生成的提示词，输入 Midjourney 进行工业设计图生成。

第1步 ▶ 在 Midjourney 底部对话框中输入 "/imagine" 指令，按 "Enter" 键进

入"prompt"文本框，在"prompt"文本框中输入"Design a brightly colored futuristic motorcycle that emphasizes a high-tech appeal. The motorcycle's exterior will feature innovative industrial design with sleek lines and exaggerated forms. Vibrant colors, combined with elements of black or silver metal, will enhance the futuristic aesthetic. The high-tech features will be showcased through intelligent dashboards, LED lighting systems, and advanced suspension systems. Advanced materials and manufacturing techniques will be employed to create a lightweight body, enhancing performance and maneuverability. This futuristic motorcycle will captivate motorcycle enthusiasts and technology enthusiasts alike with its vibrant colors, avant-garde appearance, and strong sense of technology"。

第2步 ● Midjourney 根据提示词生成初始图片，如图 9-9 所示。

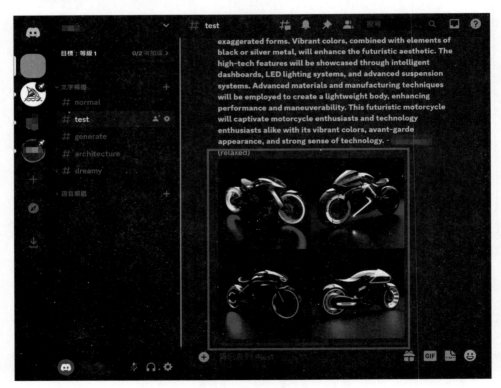

图 9-9　生成初始图片

第3步 ● 单击初始图片下方的"V2"按钮，Midjourney 将对第二幅图片进行自动变化，如图 9-10 所示。

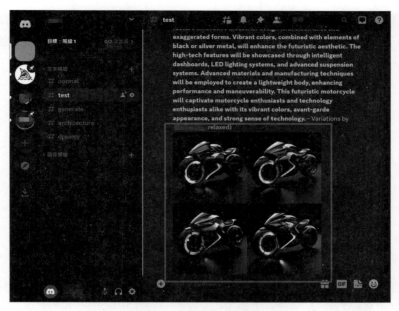

图 9-10　变化初始图片

第4步 ▶ 单击变化得到的图片下方的 "U4" 按钮，Midjourney 将对第四幅图片进行自动升档处理，丰富图片细节并输出为单张图片，如图9-11所示。

图 9-11　变化后的图片升档

第5步 ▶ 得到满意的图片后，单击图片放大，单击放大后图片下方的"在浏览器开启"按钮，跳转至新窗口预览，在新窗口中的高清图片上右击，选择"图片另存为"选项保存作品，如图9-12所示。

图9-12　工业设计图

9.4　平面设计

本节将介绍如何综合运用ChatGPT和Midjourney生成平面设计作品。通过这种综合运用，可以拓展设计可能性，探索不同的设计风格和视觉效果，高效尝试多种平面布局，为读者提供新的创作思路和灵感，带来不一样的创作体验。

9.4.1　ChatGPT生成提示词

本小节我们将运用ChatGPT生成有效作用于Midjourney的平面设计提示词。

在进行Midjourney平面设计提示词生成之前，我们需要先通过与ChatGPT的对话来扩展平面设计关键词，丰富语料素材并明确提示词逻辑，以此确保通过Midjourney生成的图片符合我们的预期效果。

1. 使用ChatGPT扩展平面设计关键词

在关键词扩展阶段，我们需要聚焦于"设计类别和内容""视觉效果""布局"等可以明确描述图片的内容，通过与ChatGPT对话，引导它提供相关信息。

以下是我们与ChatGPT的对话内容，读者可以根据不同需求，从不同的角度进行尝试。

> **提示词：** 请以职业平面设计师的身份，对平面设计进行关键词扩展，并在每个关键词后面注明英文翻译。

> **ChatGPT：** 作为职业平面设计师，以下是对平面设计的关键词扩展，并附有英文翻译。
>
> 色彩理论（Color Theory）：
> 色相（Hue）
> 饱和度（Saturation）
> 明度（Brightness）
> 色彩搭配（Color Harmony）
>
> 排版设计（Layout Design）：
> 对齐（Alignment）
> 行距（Leading）
> 字距（Kerning）
> 栅格系统（Grid System）
>
> 图形设计（Graphic Design）：
> 图标设计（Icon Design）
> 插图设计（Illustration Design）
> 标志设计（Logo Design）
> 海报设计（Poster Design）
>
> 品牌设计（Brand Design）：
> 品牌标识（Brand Identity）
> 品牌色彩（Brand Colors）
> 品牌字体（Brand Typography）
> 品牌形象（Brand Image）

界面设计（Interface Design）：
用户体验（User Experience）
信息架构（Information Architecture）
互动设计（Interaction Design）
可用性测试（Usability Testing）

平面广告（Print Advertising）：
宣传册设计（Brochure Design）
杂志广告（Magazine Advertising）
海报广告（Poster Advertising）
报纸广告（Newspaper Advertising）

网页设计（Web Design）：
响应式设计（Responsive Design）
用户界面（User Interface）
导航设计（Navigation Design）
图片优化（Image Optimization）

创意包装（Creative Packaging）：
包装结构（Packaging Structure）
材料选择（Material Selection）
标签设计（Label Design）
封面设计（Cover Design）

视觉传达（Visual Communication）：
图形符号（Visual Symbols）
图表设计（Chart Design）
图像处理（Image Editing）
色彩心理学（Color Psychology）

这些关键词涵盖了平面设计领域的不同方面和要素，帮助设计师在创作过程中考虑和运用相关概念和技术。请注意，平面设计是一个广泛的领域，每个关键词都可以进一步展开和深入研究。

提示词： 请以职业平面设计师的身份，对"海报广告"进行关键词扩展与归纳，并在每个关键词后面注明英文翻译。

ChatGPT： 作为职业平面设计师，以下是对"海报广告"的关键词扩展与归纳，并附有英文翻译：

目标受众（Target Audience）

传达信息（Message Communication）

视觉冲击（Visual Impact）

图像运用（Image Application）

色彩运用（Color Application）

字体选择（Typography Selection）

布局设计（Layout Design）

空间运用（Space Utilization）

视觉层次（Visual Hierarchy）

品牌标识（Brand Identity）

简洁明了（Clarity）

创意表达（Creative Expression）

情感共鸣（Emotional Connection）

呼吁行动（Call to Action）

印刷与制作（Printing and Production）

这些关键词扩展与归纳涵盖了海报广告设计的各个方面。从定位目标受众、传达信息，到运用图像、色彩和字体进行视觉表达，再到布局设计、空间运用和视觉层次的安排等，这些关键词帮助设计师在海报广告中创造出引人注目、有吸引力的视觉效果，并能有效传达信息和激发观众的情感共鸣。同时，还需要考虑品牌标识的融入及清晰的呼吁行动，最终通过合适的印刷和制作完成出色的海报广告作品。

提示词： 请针对海报广告的"视觉冲击、布局设计"，给我一些关键词建议。

ChatGPT： 当涉及海报广告的"视觉冲击"和"布局设计"方面，以下是一些关键词的建议，附有英文翻译：

视觉冲击（Visual Impact）：

鲜明（Bold）

引人注目（Eye-catching）

动感（Dynamic）

强烈（Intense）

色彩丰富（Colorful）

高对比度（High Contrast）

独特（Unique）

刺激（Stimulating）

夸张（Exaggerated）

强力视觉元素（Powerful Visual Elements）

布局设计（Layout Design）：

对称（Symmetrical）

不规则（Asymmetrical）

空间平衡（Spatial Balance）

重点突出（Emphasis）

渐变层次（Gradient Levels）

空间利用（Space Utilization）

图文结合（Integration of Graphics and Text）

信息层次（Hierarchy of Information）

清晰简洁（Clear and Concise）

留白（Whitespace）

这些关键词提供了海报广告视觉冲击和布局设计的一些重要概念和要点，帮助设计师创造出引人注目的视觉效果，合理安排元素和信息，使海报具有良好的视觉吸引力和信息传达能力。

⚠ **温馨提示** ChatGPT 提供的中文翻译与设计通识类翻译可能略有不同，作为提示词使用时，建议读者以英文为参照。

---

2. Midjourney 提示词生成

经过前文的系列对话，我们已经积累了丰富的语料素材。现在，我们将运用这些语料素材，以"设计类别、表现内容、视觉效果、布局"为基础逻辑，进行 Midjourney 提示词生成。

> 📝 **提示词：** 接下来，我会给出关键词，请你将其扩展为有效的 AI 平面设计 prompt。

> ⑤ **ChatGPT：** 当然，请告诉我您的关键词，我将努力将其扩展为有效的 AI 平面设

计 prompt。

> 🔟 **提示词：**　平面设计，电影海报，视觉冲击强烈，不规则布局，狗和猫，包
> 括文字（Graphic Design, Movie Poster, Strong Visual Impact,
> Irregular Layout, Dogs and Cats, including Text）。

⚠ **温馨提示**　该处关键词也可以直接作为 Midjourney 提示词使用，其生成的图片在细节表
现上与 ChatGPT 扩展后生成的图片略有不同。

🌀 **ChatGPT：**　设计一张令人眼前一亮的电影海报，充满视觉冲击力。采用不规则
布局，巧妙地展现狗和猫的形象。狗和猫的形象具有生动活泼的特点，
狗可能拥有灵动的眼神和张扬的姿态，而猫则展现出优雅的身姿和神秘
的眼神。以鲜艳的色彩和强烈的对比营造戏剧性的效果。文字部分以引
人注目的字体呈现电影名称、主演或概要，增加吸引力和信息传达。整
体设计将激发观众的情感共鸣，并引发他们的好奇心，渴望了解这部电
影所呈现的故事和情感。

（Design a visually stunning movie poster that captivates the
viewer with its visual impact. Use an irregular layout to cleverly
showcase the images of dogs and cats. The dog and cat
characters should embody their lively and vibrant characteristics,
with the dog possibly having a playful gaze and an expressive
posture, while the cat exudes elegance and a mysterious gaze.
Create a dramatic effect through vibrant colors and strong
contrasts. The textual elements, such as the movie title, cast,
or synopsis, should be presented in an attention-grabbing
font to enhance the appeal and convey essential information.
The overall design should evoke an emotional connection with
the audience, piquing their curiosity and igniting their desire to
uncover the story and emotions portrayed in the movie.）

9.4.2　用 Midjourney 生成平面设计图

本小节将运用前文由 ChatGPT 生成的提示词，输入 Midjourney 进行平面设计
图生成。

第1步 ▶ 在Midjourney底部对话框中输入 "/imagine" 指令，按 "Enter" 键进入 "prompt" 文本框，在 "prompt" 文本框中输入 "Design a visually stunning movie poster that captivates the viewer with its visual impact. Use an irregular layout to cleverly showcase the images of dogs and cats. The dog and cat characters should embody their lively and vibrant characteristics, with the dog possibly having a playful gaze and an expressive posture, while the cat exudes elegance and a mysterious gaze. Create a dramatic effect through vibrant colors and strong contrasts. The textual elements, such as the movie title, cast, or synopsis, should be presented in an attention-grabbing font to enhance the appeal and convey essential information. The overall design should evoke an emotional connection with the audience, piquing their curiosity and igniting their desire to uncover the story and emotions portrayed in the movie"。

第2步 ▶ Midjourney根据提示词生成初始图片，如图9-13所示。

图9-13　生成初始图片

第3步 ▶ 单击初始图片下方的 "V2" 按钮，Midjourney将对第二幅图片进行自动变化，如图9-14所示。

图 9-14　变化初始图片

第4步 ▶ 单击变化得到的图片下方的 "U2" 按钮，Midjourney 将对第二幅图片进行自动升档处理，丰富图片细节并输出为单张图片，如图 9-15 所示。

图 9-15　变化后的图片升档

第5步 ◆ 得到满意的图片后，单击图片放大，单击放大后图片下方的"在浏览器开启"按钮，跳转至新窗口预览，在新窗口中的高清图片上右击，选择"图片另存为"选项保存作品，如图9-16所示。

图9-16　平面设计图

本章小结

　　本章介绍了ChatGPT在设计领域的应用方法。我们探讨了ChatGPT与AI绘画技术的结合为设计师们带来的创作机会和创意媒介。然后我们分别对不同设计领域进行详细介绍，通过与ChatGPT的交互和使用Midjourney平台，读者可以获取灵感、创意提示词和图像样式，将其转化为独特而出彩的设计作品。通过学习本章内容，读者将了解到ChatGPT在设计中的辅助作用，并掌握其在不同设计领域的应用方法。

第10章

ChatGPT 的更多场景应用

本章导读

ChatGPT 自问世以来，在各个领域被广泛应用，并展现出了令人瞩目的成就。本章将详细介绍一些 ChatGPT 在不同场景中的应用。10.1 节将探讨 ChatGPT 作为实时语言翻译工具的应用，它的潜力令人惊叹。10.2 节将重点介绍 ChatGPT 在学术领域的杰出应用，它为学术研究带来了诸多便利和创新。10.3 节将深入探讨 ChatGPT 在医疗领域的广泛应用，它为医生和患者提供了宝贵的支持和指导。10.4 节将详细讨论 ChatGPT 在教育领域中扮演的角色，它在提供学习支持和提升学习体验方面发挥着重要作用。10.5 节将揭示 ChatGPT 在金融领域的多样应用，它为投资建议和市场趋势分析提供了独特的洞察力。10.6 节将探索 ChatGPT 作为心理健康支持工具的应用，它在提供心理辅导和积极建议方面发挥着巨大作用。这些领域的应用案例将带领我们更深入地了解 ChatGPT 的潜力，并展示其在各个领域的广阔应用前景。

10.1 ChatGPT+翻译

ChatGPT 在翻译领域具有广泛的应用。它可以用作实时语言翻译工具，使得人们能够进行跨语言的交流和理解。这种应用对于旅行、跨文化交流和国际商务等场景都非常有用。

10.1.1 翻译类提示词

在翻译领域的应用中，以下是一些常见的提示词，可以与 ChatGPT 一起使用，以获得更准确的翻译结果。

（1）"可以帮我将……翻译成……"：使用这个提示词来指示您希望将某段文本从一种语言翻译成另一种语言。

（2）"请将以下句子/段落从……翻译成……"：使用这个提示词来明确您希望将特定的句子或段落从一种语言翻译成另一种语言。

（3）"我需要将……翻译成……"：使用这个提示词来说明您需要将某段内容从一种语言翻译成另一种语言。

（4）"我需要一个……到……的翻译"：使用这个提示词来指示您需要将某段内容从一种语言翻译成另一种语言。

（5）"我需要将这篇文章/文档/信件翻译成……"：使用这个提示词来表示您希望将整篇文章、文档或信件从一种语言翻译成另一种语言。

这些提示词可以帮助您明确翻译需求，引导 ChatGPT 更好地理解并生成相应的翻译。若想引导 ChatGPT 提供更准确的翻译结果，就要在输入时更清晰地描述您的要求。

10.1.2 实例演练

下面的例子展示了 ChatGPT 在翻译领域的应用。

> 🔟 **提示词：** 你好，我正在准备一份关于环保的演讲稿，其中有一段需要将中文翻译成西班牙语。能帮我完成这个翻译吗？以下是我需要翻译的中文段落："环境保护是当今全球面临的重要问题。我们必须采取积极的行动来减少污染、保护自然资源和生态系统。每个人都应该意识到自己的责任，并努力改变消费习惯，推动可持续发展。"

> ⑤ **ChatGPT：** 当然，我将尽力帮您翻译成西班牙语。下面是我为您翻译的西班牙语版本："La protección del medio ambiente es un problema importante que enfrenta el mundo actualmente. Debemos tomar medidas activas para reducir la contaminación, proteger los recursos naturales y los ecosistemas. Cada persona debe ser consciente de su responsabilidad y esforzarse por cambiar los hábitos de consumo para promover el desarrollo sostenible."

在这个例子中，用户需要将一段关于环保的中文文本翻译成西班牙语。用户提供了中文段落，并请求 ChatGPT 进行翻译。这个例子展示了 ChatGPT 作为实时语言翻译工具的应用效果。无论是在写演讲稿、文件翻译还是日常交流中，用户都可以便捷地利用 ChatGPT 获得准确的翻译结果。需要注意的是，ChatGPT 并不是专业的翻译人员，对于重要的商业文件或需要翻译的专业内容，建议寻求专业翻译人员的帮助。

10.2　ChatGPT+学术

ChatGPT 可以成为学术界的一个有用工具。学生、研究人员和教育工作者可以与 ChatGPT 交流，获取关于特定领域的知识、进行文献检索、寻找参考资料和阅读建议。ChatGPT 还可以用于辅助学术写作，提供论文结构建议、解释学术概念和支持引用格式。

10.2.1　学术类提示词

在学术领域的应用中，以下是一些常见的提示词，可以与 ChatGPT 一起使用，以获取与学术相关的信息或帮助。

（1）"请解释……"：使用这个提示词来获取对某个概念、理论或术语的解释和阐述。

（2）"我需要了解关于……的研究"：使用这个提示词来指示您对某个特定主题或领域的研究有兴趣，并希望获得相关的学术研究资料。

（3）"请提供关于……的最新发展"：使用这个提示词来获取关于某个领域或课题的最新研究进展或发现。

（4）"我需要关于……的统计数据"：使用这个提示词来请求与某个主题或现象相关的统计数据或数据分析。

（5）"请解释……的方法/原理"：使用这个提示词来请求对某个方法或原理的解释和说明，通常用于研究方法论或实验设计方面。

（6）"我需要查找关于……的文献"：使用这个提示词来指示您希望获得与某个特定主题或领域相关的学术文献资料。

这些提示词可以确保在输入时清晰地描述您的需求，以便 ChatGPT 能够更好地理解并提供相关的学术知识和信息。

10.2.2 实例演练

下面的例子展示了 ChatGPT 在计算机学术领域的应用。

> ⓾ **提示词：** 你好，我正在进行关于深度学习的研究，特别是在计算机视觉领域。我需要一些最新的研究论文和实验结果来支持我的研究。你能帮我找到相关的文献吗？

ChatGPT： 当然，我可以帮您查找最新的计算机视觉领域的研究论文和实验结果。请稍等片刻。

根据我的搜索，我找到了一些与计算机视觉和深度学习相关的最新研究论文和实验结果。以下是其中一些值得关注的论文和结果。

1.论文《深度学习中数字图像增强的最新趋势综述》（*A comprehensive survey of recent trends in deep learning for digital images augmentation*）

作者：Nour Eldeen Khalifa、Mohamed Loey、Seyedali Mirjalili

发表时间：2022年

摘要：深度学习已经在计算机科学的许多领域中证明了其有效性，包括计算机视觉、图像分类、目标检测、图像分割等。深度学习模型主要依赖于大规模数据集的可用性。如果没有足够的图像数据集，不同的深度学习模型将无法学习并生成准确的模型。不幸的是，一些领域并没有大量的数据集，比如医学图像处理。例如，世界上缺乏COVID-19病毒数据集，2020年初以前几乎没有基准数据集。这一流行病是本综述的主要动机，旨在提供和讨论当前可用于增加图像数量的图像数据增强技术。在本文中，第一部分将介绍深度学习中数字图像数据增强的综述，研究从引言部分开始，反映了数据增强的一般重要性；第二部分将介绍经典图像数据增强分类和光度变换；第三部分将说明深度学习图像数据增强；第四部分将综述不同深度学习研究和应用中使用图像数据增强技术的现状。

2.论文《使用卷积神经网络在图像中进行物体识别》（*Object recognition in images using convolutional neural network*）

作者：Duth P Sudharshan和Swathi Raj

发表时间：2018年

摘要：从图像存储库中进行物体检测是计算机视觉和图像处理领域的一项具有挑战性的任务。在这项工作中，我们提出了使用CIFAR-10

数据集进行物体分类和检测，重点是分类和检测飞机图像。为此，我们使用了基于 Keras 和 TensorFlow 支持的卷积神经网络（CNN）。实验结果显示，在有限的计算系统中，训练、测试和创建模型所需的时间。我们使用了 6 万张图像进行系统训练，每个训练周期（epoch）在 TensorFlow CPU 系统上需要 722～760 秒。在 25 个训练周期结束时，训练准确性达到 96%，系统可以根据训练模型识别输入图像，并输出相应的图像标签。这篇论文主要介绍了使用卷积神经网络（CNN）进行图像中的物体识别，重点关注了飞机图像的分类和检测任务。作者使用了 CIFAR-10 数据集，并描述了实验设置和训练过程。结果表明，他们的系统在有限的计算资源下能够实现高准确性的图像分类和检测任务。

3. 论文《利用机器学习技术进行人类情感检测》（*Deploying Machine Learning Techniques for Human Emotion Detection*）

作者：Ali I. Siam、Naglaa F. Soliman、Abeer D. Algarni、Fathi E. Abd El-Samie、Ahmed Sedik。

发表时间：2022 年

摘要：情感识别是当前研究领域中的一个热门课题，它涉及多个应用领域，其中最有趣的应用包括机器人视觉和交互机器人通信。人类的情感可以通过语音和视觉模态来检测。面部表情可以被认为是检测个体情感的理想手段。本文提出了一种实时方法，用于实施情感检测，并将其部署到机器人视觉应用中。所提出的方法包括四个阶段：预处理、关键点生成、关键点选择和角度编码，以及分类。其主要思想是使用基于实时深度学习的 MediaPipe 面部网格算法生成关键点，使用一系列精心设计的网格生成器和角度编码模块对生成的关键点进行编码。此外，使用主成分分析（PCA）进行特征分解，以提高情感检测的准确性。最后，将分解后的特征输入一个依赖于支持向量机（SVM）、k- 最近邻（KNN）、朴素贝叶斯（NB）、逻辑回归（LR）或随机森林（RF）分类器的机器学习（ML）技术中。此外，还部署了多层感知机（MLP）作为高效的深度神经网络技术。所提出的技术在不同的数据集上进行了评估，并使用不同的评估指标。模拟结果显示，它们在人类情感检测的准确性方面表现出色，达到了 97%，在这一领域的研究工作中具有卓越性能。

这些仅仅是一部分与计算机视觉和深度学习相关的研究论文和实验结果。您可以深入阅读这些论文，以获得更多的研究支持和灵感。

在这个例子中，用户表达了自己在计算机学术领域的研究需求，特别是在计算机视觉和深度学习方面。ChatGPT 通过搜索相关的研究论文和实验结果，提供了一些最新的论文和实验成果，以支持用户的研究工作。ChatGPT虽然可以提供有用的信息，但仍建议读者在学术研究中进行进一步的验证和参考专业的学术资源。

10.3 ChatGPT+医疗

在医疗领域，ChatGPT可以用于提供医学知识和指导。它可以回答关于疾病、药物、症状和治疗方案等方面的问题。医生、护士和患者可以使用ChatGPT来获取医疗信息、寻求初步建议，并了解一些基本的健康问题。不过，请记住ChatGPT不能替代医生的诊断和治疗意见，任何涉及严重健康问题的情况仍应寻求专业医疗帮助。

10.3.1 医疗类提示词组

在医疗领域的应用中，以下是一些常见的提示词，可以与ChatGPT一起使用，以获取与医疗相关的信息或帮助。

（1）"请解释……"：使用这个提示词来获取对某个疾病、症状、治疗方法或医疗术语的解释和阐述。

（2）"我想了解关于……的最新研究"：使用这个提示词来指示您对某个特定医学领域或课题的最新研究有兴趣，并希望获得相关的医疗研究资料。

（3）"请提供关于……的治疗方案"：使用这个提示词来获取关于某个疾病或病症的治疗方案，包括常规治疗方法、药物治疗和手术治疗等。

（4）"我需要了解关于……的预防措施"：使用这个提示词来获取关于某个疾病的预防措施，包括生活方式建议、疫苗接种等方面的信息。

（5）"请提供关于……的统计数据"：使用这个提示词来获取与某个疾病、流行病或健康指标相关的统计数据，如患病率、死亡率等。

（6）"请解释……的诊断过程"：使用这个提示词来获取对某个疾病的诊断过程和相关检查方法的解释。

这些提示词可以帮助您在输入时清晰地描述需求，以便ChatGPT能够更好地理解并为您提供相关的医疗资料和建议。

10.3.2 实例演示

以下例子展示了ChatGPT在医疗领域的应用。

> 🔟 提示词：　　　我是一个52岁的男性，体检结果显示空腹血糖170mg/dL，餐后血糖280mg/dL，糖化血色素9.8，血压131/97，总胆固醇 226，三酸甘油酯454，尿液白蛋白与肌酐比值41。请为我做一个健康状态的判断、分析及治疗建议。

🌀 ChatGPT：　　　根据您提供的体检结果，我将对每个指标进行解释和分析，并提供相关的治疗方案。

　　1. 空腹血糖（Fasting Blood Glucose）：170mg/dL

　　解释：空腹血糖指的是您在未进食或进食至少8小时后进行的血糖检测，正常范围应该是70～100mg/dL。您的结果高于正常范围，提示您可能患有糖尿病或处于糖尿病前期阶段。

　　2. 餐后血糖（Postprandial Blood Glucose）：280mg/dL

　　解释：餐后血糖是指进食后2小时内测量的血糖水平，正常范围应该是70～140mg/dL。您的结果高于正常范围，进一步确认了您可能患有糖尿病或处于糖尿病前期阶段。

　　3. 糖化血色素（HbA1c）：9.8

　　解释：糖化血红蛋白是血液中的一种指标，它反映了过去2～3个月内的平均血糖水平。正常范围应该是4%～5.6%，您的结果高于正常范围，进一步确认了您可能患有糖尿病或处于糖尿病前期阶段。

　　4. 血压（Blood Pressure）：131/97

　　解释：血压是衡量心脏和血管健康的重要指标。正常血压应该在120/80mmHg以下。您的收缩压（131mmHg）和舒张压（97mmHg）均高于正常范围，表明您患有高血压。

　　5. 总胆固醇（Total Cholesterol）：226

　　解释：总胆固醇是衡量血液中胆固醇总量的指标。正常总胆固醇应该在200mg/dL以下。您的结果高于正常范围，提示您可能存在高胆固醇问题。

　　6. 三酸甘油酯（Triglycerides）：454

　　解释：三酸甘油酯是血液中的一种脂质物质，正常范围应该在150mg/dL以下。您的结果高于正常范围，表明您可能存在高三酸甘油酯症。

　　7. 尿液白蛋白与肌酐比值（Urinary Albumin-to-Creatinine Ratio）：41

　　解释：尿液白蛋白与肌酐比值用于评估肾脏功能和肾脏病的风险。正常范围应该在30以下。您的结果高于正常范围，提示可能存在肾脏损害。

综合分析上述指标，您的体检结果表明您可能同时患有糖尿病、高血压、高血脂和肾脏损害。针对您的情况，我建议采用以下治疗方案。

1. 糖尿病管理

饮食控制：遵循低糖、低脂、高纤维的饮食，限制碳水化合物摄入。

药物治疗：根据医生建议，可能需要使用口服药物或注射胰岛素来控制血糖。

锻炼：进行适度的有氧运动，如快走、游泳等。

2. 高血压管理

生活方式改变：限制钠摄入，增加水果、蔬菜和全谷类食物的摄入，减少饮酒和戒烟。

药物治疗：可能需要使用抗高血压药物，如ACE抑制剂、ARBs等。

3. 高血脂管理

饮食调整：减少饱和脂肪和胆固醇的摄入，增加健康脂肪的摄入，如鱼类、坚果等。

药物治疗：根据医生建议，可能需要使用降脂药物，如他汀类药物等。

4. 肾脏保护

控制血糖和血压：严格控制血糖和血压，以减少肾脏损害的风险。

定期监测肾功能：定期进行肾功能检查，如尿液检查和肾功能指标测定。

请您尽快与医生进行进一步的评估和讨论，以制定适合您个人情况的治疗方案，并定期复诊以监测疾病的发展和调整治疗计划。

ChatGPT在医疗领域的应用展示了它提供一定程度的指导、建议和支持方面的潜力，可以作为一个补充资源，提供初步的医疗信息和指导，帮助用户更好地理解某些医疗问题。然而，需要强调的是，ChatGPT并不能取代专业医生、医疗专家或医疗咨询师的角色。对于严重的医疗问题、疾病诊断、治疗方案制定和药物选择等，仍然建议寻求专业医疗咨询的帮助。ChatGPT在医疗领域的应用可以作为一个初步的参考，但最终的决策应该基于与专业医疗人员的讨论和评估。

10.4 ChatGPT+教育

在教育领域，ChatGPT作为学习辅助工具，可以提供个性化的问题解答和指导，帮助学生理解学科知识和解决作业问题；也可以提供便捷的教学支持和资源，帮助老师提高教学效果和工作效率。然而，ChatGPT 的应用也面临学术诚信、数据隐私与安全等方面的风险挑战。教育机构和教育者应密切关注该领域的发展趋势，实现教育水平协同进化，推动教育高质量发展。

10.4.1　教育类提示词

在教育领域的应用中，以下是一些常见的提示词，可以与 ChatGPT 一起使用，以获取与教育相关的信息或帮助。

（1）学习方法和技巧：学习策略、记忆技巧、阅读理解、时间管理、集中注意力等。

（2）学术科目支持：数学、科学、语言学习、文学、历史、地理等各学科的概念、理论、解题方法等。

（3）考试准备：考试技巧、应对考试焦虑、制定学习计划、复习策略等。

（4）写作和口头表达：论文写作、演讲技巧、写作风格、文章结构、写作流程等。

（5）学业选择和规划：专业选择、职业规划、大学申请、选课指导等。

（6）学习动力和自我激励：建立学习动力、克服拖延、设定目标、保持动力等。

（7）教育制度和政策：教育体制、课程改革、教育政策、教学方法等。

（8）教育心理学：学习风格、智力发展、学习障碍、学习环境等。

这些提示词可用于在教育领域与 ChatGPT 进行对话，并获取相关的信息、建议和指导。请注意，ChatGPT 提供的信息仅供参考，对于具体的教育问题，还应该参考教育专家的意见和建议。

10.4.2　实例演练

提示词：　　　我是一名初中生，对于物理课程中波动说和粒子说理解不清楚，请详细讲解相关知识，并举出实际生活中的例子让我能更好地理解。

ChatGPT：　　　当谈到物理学中的波动说和粒子说时，我们可以更详细地了解这两个理论的产生、基本概念及它们对物理学的影响。

1. 波动说（Wave Theory）

波动说是早期对光现象的解释，由光学家和物理学家研究而来。根据波动说，光被视为一种电磁波，与其他波动现象（如声波和水波）类似。

波动说认为光可以传播波动，并具有特定的波动特性，如波长、频率和振幅。

波动说的产生：波动说起源于17世纪，由光学家赫胥黎（Christiaan Huygens）和杨森（Thomas Young）等人的实验研究奠定了基础。他们的实验结果支持了光的干涉和衍射现象，这些现象可以通过波动模型来解释。

波动说的影响：波动说的提出对物理学领域产生了重大影响。它不仅为光的行为提供了详细的解释，还为后来的光学研究奠定了基础。波动说的发展推动了光学实验和技术的进步，并为现代物理学的发展提供了重要的启示。

波动说的实际例子如下。

水波：当你向池塘中扔一颗石子，你可以看到水波以波纹的形式向外扩散。这个现象可以用波动说来解释，水波是通过波动的方式传播的，类似于光的传播。

声波：当你在房间中敲击一个铃铛，你能够听到声音的传播。声音是一种波动，通过空气中的分子之间的振动以波动的形式传播。声波的波动特性和光波的波动特性相似，可以通过波动说来解释。

2. 粒子说（Particle Theory）

粒子说是在20世纪初期随着量子力学的发展而提出的一种理论。根据粒子说，光被视为由一些微观粒子组成的，这些粒子称为光子。光子被视为能量量子，具有离散的能量值。

粒子说的产生：粒子说起源于对光电效应和光谱现象的研究。光电效应是指当光照射到某些物质上时，会导致电子的释放。这一现象无法通过波动模型解释，而通过假设光由光子组成的粒子模型，可以解释光电效应的实验结果。

粒子说的影响：粒子说的提出是量子力学的重要里程碑之一。它揭示了光的微粒性质，并推动了量子力学的发展。粒子说的进一步研究和量子力学的发展为我们理解光的微观行为和其他微观粒子的行为提供了重要的理论基础。

粒子说的实际例子如下。

光电效应：光电效应是一个实验现象，当光照射到金属表面时，会引起电子的释放。根据粒子说，光被视为由光子组成的微观粒子，当光照射到金属表面时，光子与金属中的电子相互作用，导致电子的释放。

光谱分析：光谱分析是一种实验方法，用于研究光的发射和吸收行为。

当光通过某种物质时，物质会吸收或发射特定波长的光。这些现象可以通过粒子说来解释，物质中的原子或分子与光子相互作用，产生能级跃迁，从而导致特定波长的光的吸收或发射。

需要注意的是，波动说和粒子说并不是相互排斥的理论，而是对光行为的两种不同描述方式。在某些实验和现象中，波动说更适用于解释光的行为，而在其他实验和现象中，粒子说更适用。后来的量子力学理论将这两种描述统一起来，提供了更全面和一致的解释。

希望这些更详细的解释能够帮助你更好地理解波动说和粒子说的产生过程、基本概念及它们对物理学的影响。这些实际例子可以帮助你更加直观地理解波动说和粒子说在日常生活中的应用和意义。它们帮助我们解释光、声音等现象的行为和特性。同时，波动说和粒子说的统一理论——量子力学，使我们能够更全面地理解微观世界的行为规律。如果你还有其他问题，请随时提问！

这个例子展示了 ChatGPT 在教育领域的应用。ChatGPT 可以为学生提供针对具体学科和学习难题的建议、指导、学习策略和灵感，以帮助学生克服学习困难并提高学术表现。然而，请记住 ChatGPT 只是一个智能模型，学生仍然需要在实际学习中结合专业教师的指导和课堂实践来应用这些建议。

10.5　ChatGPT+金融

ChatGPT 在金融领域有一些应用，如提供投资建议、帮助用户理解金融概念和术语，解释市场动态和趋势，以及提供基本的金融规划建议。然而，需要注意的是，金融决策涉及风险和复杂性，ChatGPT 提供的信息应作为参考，而不是取代专业金融顾问的意见。

10.5.1　金融类提示词

在金融领域，ChatGPT 可以应用于各种场景和任务。以下是一些常见的金融领域应用场景和相应的提示词。

（1）投资组合优化（Portfolio Optimization）：指导如何构建投资组合，以获得最大化回报并降低风险。

（2）风险管理（Risk Management）：提供关于金融市场风险评估和管理的建议和策略。

（3）资产配置（Asset Allocation）：指导如何在不同资产类别之间分配投资，以实现最佳的风险和回报平衡。

（4）技术分析（Technical Analysis）：解释和应用图表和指标来预测金融市场的价格趋势和交易信号。

（5）基本面分析（Fundamental Analysis）：提供关于公司财务状况、行业前景和宏观经济因素的分析，以确定投资价值。

（6）量化投资（Quantitative Investing）：介绍使用数学和统计模型来指导投资决策的方法。

（7）股票选择（Stock Selection）：提供关于如何选择个股的建议，包括基于估值、增长和市场动力等因素。

（8）金融规划（Financial Planning）：提供个人或家庭财务规划的指导，包括储蓄、退休规划、保险和税务筹划等方面。

（9）市场趋势分析（Market Trend Analysis）：分析市场行情和趋势，以帮助预测未来的市场走势和交易机会。

（10）战略资产配置（Strategic Asset Allocation）：制定长期投资计划，根据投资目标和风险承受能力来配置资产。

这些提示词为金融领域中的各种问题和决策提供了指导和建议，涵盖了投资、风险管理、市场分析、资产配置等方面。ChatGPT 可以根据这些提示词提供相关的信息和解释，帮助用户做出更明智的金融决策。

10.5.2　实例演练

🔟 **提示词：**　　　我想了解中等收入家庭的资产如何做合理的理财投资。

⑤ **ChatGPT：**　　当然，我为您提供更详细的描述。

1. 制定财务目标

确定短期目标：这些目标可能包括紧急储备金、购买家庭必需品或旅行等。确保您明确这些目标的金额和期限，并为其设定具体的时间表。

确定长期目标：这些目标可能包括子女教育、购房、退休储备金等。设定明确的目标金额和期限，并考虑通货膨胀对资金价值的影响。

2. 建立紧急储备金

紧急储备金是您应对意外支出或收入中断的基金。它可以帮助您避免依赖高利息债务或出售投资来应对紧急情况。一般建议储备金应足以覆盖3~6个月的生活费用，包括住房、食品、交通和日常开支等。

3. 债务管理

了解您的债务状况，包括债务类型、利率和偿还期限。对于高利息债务，如信用卡债务，确保按时支付账单并尽量偿还更多本金。可以制定还款计划，优先偿还高利息债务。对于低利息债务，如住房贷款，可以考虑维持按揭支付同时进行投资，因为房屋价值可能会随时间增长。

4. 多样化投资组合

分散投资是降低风险的重要策略。将资金分散投资于不同的资产类别，如股票、债券、房地产和基金等。不同资产类别的表现可能会有所不同，因此通过分散投资可以平衡风险和回报。还可以考虑在各个资产类别内进行分散投资，如购买不同行业的股票或选择具有不同偿还期限和信用评级的债券。

5. 长期投资

长期投资可以帮助您获得更好的回报，尤其是通过利用长期复利效应。股票市场和基金通常是长期投资的选择，因为它们有潜力实现较高的增长。长期投资需要耐心和持久性，避免因市场波动而冲动买卖。

6. 财务规划师咨询

如果您的投资知识有限或不确定如何制定个性化的投资计划，咨询财务规划师可能是个不错的选择。财务规划师可以评估您的财务状况、风险承受能力和目标，帮助您制定合适的投资策略，并提供专业建议。

7. 持续学习

理财投资是一个不断学习和调整的过程。保持对金融市场的了解，学习投资知识和技能，以便更好地管理自己的资产。阅读相关书籍、参加理财投资课程或关注可靠的财经资讯可以帮助您增长知识，并做出更明智的投资决策。

请记住，以上建议仅供参考。在进行任何投资之前，请根据自己的财务状况和风险承受能力制定个性化的投资计划，并在有需要时寻求专业意见。

　　ChatGPT在金融领域的运用为用户提供了一些初步的指引、建议和信息，有助于用户在投资决策中获得一定程度的帮助。然而，需要明确的是，ChatGPT并不能取代专业金融顾问或投资经理的角色，而是作为一个补充资源，提供信息咨询和初步指导。在做出最终决策之前，建议咨询专业金融顾问，以确保投资策略与个人目标和风险承受能力相符。ChatGPT在金融领域的应用可作为一个起点，但对于复杂的投资需求或重要决策，专业咨询仍然是不可或缺的。

10.6 ChatGPT+心理咨询

ChatGPT还被用于提供心理健康支持。它可以作为一个虚拟心理咨询师或治疗师，对用户进行心理辅导、提供情绪支持、给予积极的建议和策略等。然而，需要注意的是，ChatGPT并不是一位真正的专业心理健康专家，对于严重的心理健康问题，寻求专业帮助是更为合适的选择。

10.6.1 心理类提示词

在心理健康领域，可以使用以下提示词让ChatGPT提供支持、教育和指导。

（1）心理健康教育：提供关于心理健康问题、心理疾病、症状和治疗选项的教育信息。

（2）情绪管理：帮助用户认识、理解和管理情绪，如焦虑、抑郁、愤怒和悲伤等。

（3）压力缓解：提供应对压力和焦虑的技巧，如放松方法、冥想和身体锻炼。

（4）自尊和自我价值：鼓励用户培养积极的形象、自尊和自我价值感。

（5）恢复心理创伤：提供支持和指导，帮助处理心理创伤和促进康复。

（6）人际关系：探讨人际关系问题和提供解决方案，如沟通技巧和处理冲突。

（7）健康生活方式：提供促进身心健康的建议，如良好的睡眠、饮食和锻炼习惯。

（8）自我关怀：鼓励用户关注自己的身心健康，包括放松技巧、自我照顾和压力管理。

（9）心理健康资源：引导用户寻找合适的心理健康资源和专业支持，如心理咨询师或治疗师。

（10）积极心态：鼓励用户培养积极心态、乐观思维和心理韧性。

这些提示词有助于ChatGPT提供心理健康方面的支持和建议。然而，ChatGPT并非心理健康专家的替代品。如果您需要具体的心理健康咨询或治疗，请咨询合格的心理健康专业人士。

10.6.2　实例演练

> 🔟 提示词：　　　家长应该如何引导孩子平稳健康地度过青春期、叛逆期，避免孩子产生心理疾病。

> ⑤ ChatGPT：　　　当引导处于青春期和叛逆期的孩子平稳健康地度过这一阶段，并避免心理疾病时，以下是相关建议及详细描述。
>
> 1. 建立良好的沟通和信任
>
> 给孩子提供一个安全、开放的沟通环境，鼓励他们分享感受、问题和困惑。
>
> 倾听他们的意见和观点，尊重他们的个人独立性，不要批评或指责他们的感受。
>
> 避免过度干涉或过分询问，尊重他们的隐私。
>
> 2. 学习了解青春期变化
>
> 阅读关于青春期的书籍或参加相关的家长培训课程，以了解孩子面临的生理、心理和情感变化。
>
> 与孩子一起探讨这些变化，帮助他们理解和接受自己正在经历的变化。
>
> 3. 培养积极的自尊和身份认同
>
> 肯定孩子的优点和成就，鼓励他们发展个人兴趣和才能。
>
> 避免过度批评或比较，给予他们积极的反馈和支持。
>
> 鼓励他们探索自己的兴趣，培养健康的身份认同感。
>
> 4. 提供稳定的支持和结构
>
> 建立明确的规则和界限，以提供稳定的家庭环境。
>
> 给孩子提供支持和鼓励，让他们知道家庭是一个安全、可靠的地方。
>
> 提供稳定的日常生活结构，如定期的作息时间和家庭活动。
>
> 5. 传授情绪管理方法和应对技巧
>
> 帮助孩子认识和理解自己的情绪，提供情绪管理工具，如深呼吸、放松练习和情绪日志。
>
> 鼓励他们找到积极的应对方式，如寻求支持、表达情感和寻找解决问题的方法。
>
> 6. 鼓励积极的应对方式
>
> 指导孩子学习如何解决问题和处理冲突，促进积极的人际关系。
>
> 培养良好的沟通和解决问题的技巧，让他们知道如何寻求帮助和寻找解决方案。

7. 关注身心健康

鼓励孩子培养健康的生活习惯，包括规律的睡眠时间、均衡的饮食和适度的身体运动。

提供有关身体健康和营养的教育，帮助他们了解如何照顾自己的身体和心理健康。

8. 提供支持和了解专业资源

学会辨别心理健康问题的迹象，如持续的情绪低落、自我伤害的行为等。

如果观察到孩子出现严重的情绪问题或行为变化，请寻求专业心理咨询师或医生的支持，以获得适当的评估和治疗。

请记住，每个孩子都是独特的个体，因此家长需要根据孩子的个人需求和情况来灵活地调整自己的引导方式。家长应该保持耐心、理解和支持，与孩子建立良好的关系，并提供稳定的环境。同时，家长也应保持自身的心理健康，并寻求支持和指导，以更好地应对挑战和问题。

这个例子展示了 ChatGPT 在心理咨询领域的应用，它可以提供一定程度的指导、建议和支持。然而，需要注意的是，ChatGPT 并不能取代专业心理咨询师或治疗师，而是作为一个补充资源提供一些初步的指导和信息。对于严重的心理健康问题，仍然建议寻求专业咨询师的帮助。

本章小结

本章中，我们通过介绍常用提示词及案例演示为读者展示了 ChatGPT 在翻译、学术、医疗、教育、金融、心理咨询几个领域的应用场景，帮助读者更深入地了解 ChatGPT 的多领域适用性和潜力。ChatGPT 在这些领域中可以为用户提供指导、建议和支持，为用户解答问题，提供信息和资源，拓宽他们的知识和能力。ChatGPT 的应用场景正在不断扩展和发展，为各个领域的用户提供更多的便利和帮助，促进知识的共享和智能技术的应用。